4차 산업에 대비한

기초대학수학

남상복 · 윤상조 공저

 북스힐

Bini-tiger & Hwai-pony,

yeoni-honey

머 리 말

고교과정 연계를 통한 전공기초 확립

이 교재는 중·고등학교에서 배운 기본 개념에 바탕을 둔 예제 풀이를 통하여 학생들이 어려워만 했던 수학이라는 교과에 조금 더 자신감을 가질 수 있도록 구성하였으며, 이러한 기본적인 예제를 응용한 다양한 문제들을 통하여 전공공부를 하는데 도움이 될 수 있도록 기술하였습니다.

교재의 특징 : "예제 및 문제풀이 제시되어 있지 않음"

이 교재는 조별 협동 학습방법을 통한 수업시간 및 과제를 통하여 문제를 해결하는 방식으로 전개되므로 기본적으로 예제 및 문제풀이를 제시하지 않고, 증명하는 문제는 학생들이 어려워하는 관계로 부분적으로 문제풀이 방법을 제시하였음.

교재의 주요 내용

이 교재의 주요내용은 중·고등학교에서 배운 집합과 수의 체계, 명제, 함수, 극한, 미분과 응용, 적분과 응용, 행렬과 응용 등이며, 중·고등학교에서 배우지 않은 내용들을 부분적으로 제시하고 있음.

이 책은 학생들이 어려워만 했던 수학이라는 교과에 조금 더 자신감을 갖게 되고, 4차 산업의 근간이 되는 수학적인 내용이 바탕이 되어 학과의 전공공부를 하는데 도움이 된다면 이 책을 집필하기 위한 고생에 위안이 되리라고 생각한다. 책을 쓰면서 다른 어떤 교양교과보다도 수학이라는 교과를 쉽게 이해할 수 있도록 집필한다는 것이 얼마나 어려우면서도 중요한 일인지를 절감하였다. 아직 미진한 부분이 많을 것으로 생각되지만 바로 보완하고 수정할 것을 약속하며 부족하지만 이 책을 펴내기로 한다.

끝으로 이 책을 집필하는데 도움을 주신 분들에게 감사드리며, 특히 이 책의 출판을 허락해주신 북스힐 조승식 사장님과 북스힐 가족 여러분에게 감사한다.

2019년 3월
저자 일동

차 례

CHAPTER 1 집합과 수의 체계

01 집합 ··· 3

02 수의 체계 ··· 8

2.1 자연수(natural number) / 10
2.2 정수(integer) / 11
2.3 유리수(rational number)의 집합 / 13
2.4 무리수(irrational number)의 집합 / 14
2.5 실수(real number) / 16
2.6 복소수(complex number) / 18

03 명제 ··· 20

3.1 명제와 조건 / 20
3.2 명제사이의 관계 / 23

CHAPTER 2 식의 계산

01 단항식과 다항식의 계산 ··· 29

1.1 단항식과 다항식 / 29
1.2 곱셈공식 / 30
1.3 인수분해 / 33
1.4 유리식 / 35
1.5 무리식 / 37

02 방정식 ··· 39

2.1 여러 가지 방정식 / 39
2.2 근과 계수와의 관계 / 43

CHAPTER 3 함 수

01 함수(functions)의 정의와 성질 ·································· 51
1.1 함수의 정의 / 51
1.2 함수의 기본연산 및 합성함수 / 55

02 일대일 대응(또는 전단사 함수) ··························· 58
2.1 일대일함수(injective function, 단사함수) / 58
2.2 전사함수(surjective function) / 60
2.3 일대일대응(전단사함수, bijective function) / 63
2.4 무한집합과 유한집합 / 65

03 역함수(inverse function) ································· 67

CHAPTER 4 함수의 종류

01 다항함수 ··· 75
1.1 1차 함수 / 75
1.2 2차 함수 / 76

02 유리함수와 무리함수 ····································· 79

03 지수함수와 로그함수 ····································· 82

04 삼각함수 ··· 85

05 쌍곡선함수(hyperbolic function) ······················ 91

CHAPTER 5 극 한

01 수열의 극한 ·· 99
1.1 수열의 정의 / 99
1.2 시그마($\sum$, Sigma) / 103
1.3 무한수열의 극한 / 106

02 함수의 극한 ··· 112
2.1 함수의 극한에서 수렴과 발산 / 112
2.2 함수의 극한에 관한 성질 / 114
2.3 함수의 극한에 관한 정의 / 116
2.4 함수의 극한에 대한 응용 / 119

CHAPTER 6 미분(도함수, differential)과 응용

01 도함수 ·· 125

02 일반적인 다항함수의 도함수 ··· 127

03 로그함수와 지수함수의 도함수 ···································· 130

04 삼각함수의 도함수 ··· 133

05 음함수의 도함수 ·· 137

06 역함수의 도함수 ·· 139

07 미분의 응용 ··· 142
      7.1 접선 및 법선의 방정식 / 142
      7.2 미분계수와 뉴턴의 선형 근사 / 143
      7.3 함수의 극값(extreme value) / 146
      7.4 로피탈의 법칙(L'Hopital Rule) / 149

CHAPTER 7 부정적분

01 다항함수의 부정적분 ·· 153

02 로그함수의 부정적분 ·· 156

03 지수함수의 부정적분 ·· 157

04 삼각함수의 부정적분 ·· 159

05 역삼각함수의 부정적분[치환적분] ······························· 162

06 유리함수의 부정적분 ·· 165

07 부분적분법 ··· 170

CHAPTER 8 정적분과 응용

01 정적분 ·· 175
      1.1 정적분의 계산 / 176
      1.2 정적분과 무한급수와의 관계 / 182
      1.3 정적분의 성질 / 183
      1.4 이상적분(Improper integral) / 187

02 정적분의 응용 ··· 191

   2.1 넓이 / 191

   2.2 부피 / 194

   2.3 길이(Length) / 197

CHAPTER 9 행 렬(Matrix)

01 행렬과 행렬의 성질 ··· 201

   1.1 행렬의 정의 / 201

   1.2 행렬의 상등 / 203

   1.3 행렬의 기본 연산 / 204

   1.4 전치행렬(transpose matrix) / 207

   1.5 행렬의 거듭제곱 / 208

   1.6 역행렬(inverse matrix) / 210

   1.7 행렬식(determinant) / 214

   1.8 소행렬식(minor determinant)과 여인수(cofactor) / 217

   1.9 연립방정식 / 221

CHAPTER 10 일차변환과 행렬(Linear Transformation)

01 일차변환의 뜻과 행렬 표현 ····························· 229

02 여러 가지 일차변환 ··· 233

   2.1 대칭변환 / 233

   2.2 닮음변환 / 235

   2.3 회전변환 / 236

03 일차변환의 합성 ··· 239

04 일차변환의 역변환 ··· 242

05 일차변환과 도형 ··· 244

   5.1 일차변환을 나타내는 행렬의 역행렬이 존재하는 경우 / 244

   5.2 일차변환을 나타내는 행렬의 역행렬이 존재하지 않는 경우 / 245

부 록 ·· 249

집합과
수의 체계

1. 집합

2. 수의 체계

3. 명제

01 집합

집합이란 어떤 조건에 의하여 그 대상을 분명히 알 수 있는 것들의 모임을 말하며, 집합을 이루고 있는 대상 하나 하나를 그 집합의 원소라고 한다.

[기호] $A, B, C, \cdots, X, Y$ 등 영어의 대문자로 표시

예를 들면, '충분히 키가 큰 학생들의 모임', '아름다운 꽃들의 모임' 등은 그 모임의 범위가 분명하지 않으므로 집합이라 할 수 없다.

A가 집합일 때, A 안에 들어 있는 하나하나의 대상을 A의 원소(element)라고 하며, a가 집합 A의 원소일 때, 즉 a가 집합 A에 속할 때 $a \in A$ (또는 $A \ni a$)와 같이 나타낸다.

또한, a가 집합 A의 원소가 아닐 때 $a \notin A$와 같이 나타낸다.

예를 들면, $A = \{1, 2, 3\}$일 때, $1 \in A$, $2 \in A$, $3 \in A$이지만, $4 \notin A$, $5 \notin A$이다.

편의상 원소가 하나도 없는 집합을 생각하여 이것을 공집합이라 하며, 기호로 $\varnothing$ 라 쓴다.

원소나열법이란 어떤 집합에 속하는 모든 원소를 {   } 안에 나열해서 집합을 나타내는 방법이며, 조건제시법이란 그 집합에 속하는 원소인지 아닌지를 판정할 수 있는 조건들을 문장 또는 수식으로 제시하는 방법이다.

예제 1 다음 집합을 원소 나열법으로 나타내시오.

(1) $A = \{x \mid x$는 15 이하의 자연수$\}$

(2) $B = \{x \mid x$는 15 이하의 소수$\}$

예제 2 다음 집합을 조건제시법으로 나타내시오.

(1) $A = \{1, 3, 5, 7, 9\}$

(2) $B = \{2, 4, 6, 8, 10, 12, 14, 16\}$

두 집합 A, B에 대하여 집합 A의 모든 원소가 집합 B에 속할 때, A를 B의 부분집합이라 하고, 기호로 $A \subseteq B$ (또는 $B \supseteq A$)와 같이 나타내며, 진부분집합이란 집합 A의 부분집합으로서, A와 일치하지 않는 집합을 말하는 것으로, B를 A의 진부분집합이라 하며, $B \subset A$이고, $B \neq A$일 때를 말한다.

참고 원소가 n개인 집합의 부분집합의 개수는 2^n개 이다.

원소가 n개인 집합의 진부분집합의 개수는 $2^n - 1$개 이다.

예제 3 다음 집합의 부분집합과 진부분집합을 모두 구하시오.

(1) $A = \{1,2,3\}$

(2) $B = \{x \mid x$ 는 6의 약수$\}$

집합의 연산

집합 U를 전체집합이라 하고, 두 집합 A, B를 전체집합 U의 부분집합이라고 하면, 다음과 같은 연산들이 정의된다.

$$\text{합집합} : A \cup B = \{x \mid x \in A \text{ or } x \in B\}$$
$$\text{교집합} : A \cap B = \{x \mid x \in A \text{ and } x \in B\}$$
$$\text{차집합} : A - B = \{x \mid x \in A \text{ and } x \notin B\}$$
$$\text{여집합} : A^c = \{x \mid x \in U \text{ and } x \notin A\} = U - A$$

예제 4 전체집합 $U = \{1,2,3,4,5,6,7\}$의 부분집합 $A = \{1,3,5,7\}$, $B = \{1,2,3,6\}$에 대하여 다음을 구하시오.

(1) $A \cup B$ (2) $A \cap B$ (3) $A - B$

(4) $B - A$ (5) A^c (6) $A \cap B^c$

(7) B^c (8) $B \cap A^c$ (9) $(A \cap B)^c$

(10) $(A \cup B)^c$ (11) $A^c \cup B^c$ (12) $A^c \cap B^c$

곱집합(Cartesian product)

집합 A, B에 대하여 $a \in A$, $b \in B$일 때, 순서쌍 (a, b)들의 집합

[기호] $A \times B$

$A \times B = \{ (a, b) \mid a \in A, \ b \in B \}$

예제 5 집합 $A = \{1,3,5,7\}$, $B = \{1,2,3\}$, $C = \{3,4,5,9\}$에 대하여 다음을 구하시오.

(1) $A \times B$ (2) $B \times A$

(3) $B \times C$ (4) $C \times A$

원소의 개수

기호 : $n(A)$

의미 : 집합 A의 원소의 개수

집합 $A = \{1,2,3\}$일 때, 원소의 개수가 3개이며, 기호로 $n(A) = 3$으로 나타내며, 원소가 하나도 없는 집합인 공집합의 원소의 개수, 즉 $n(\varnothing) = 0$로 나타낸다.

예제 6 전체집합 $U = \{1,2,3,4,5,6,7\}$의 부분집합 $A = \{1,3,5,7\}$, $B = \{2,6\}$에 대하여 다음을 구하시오.

(1) $n(U)$ (2) $n(A)$ (3) $n(B)$

(4) $n(A \cup B)$ (5) $n(A \cap B)$

두 집합 A, B의 합집합의 원소의 개수는 $n(A \cup B) = n(A) + n(B) - n(A \cap B)$ 이다.

예제 7 전체집합 $U = \{1, 2, 3, 4, 5, 6, 7, 8, 9, 10\}$의 부분집합 $A = \{1, 3, 5, 7\}$, $B = \{1, 2, 3\}$, $C = \{3, 4, 5, 9\}$에 대하여 다음을 구하시오.

(1) $n(U)$ (2) $n(A)$ (3) $n(B)$

(4) $n(C)$ (5) $n(A \cup B)$ (6) $n(B \cup C)$

(7) $n(C \cup A)$ (8) $n(A \cap B)$ (9) $n(B \cap C)$

(10) $n(C \cap A)$

02 수의 체계

  우리가 실생활에서, 그리고 학문에서 다루는 수의 종류는 약간 다르다. 일반적으로 실생활에서 다루는 수는 실수 정도 이고 학문적(수학, 과학)으로 다루는 수는 실수를 넘어선 허수까지 다루게 된다. 실수와 허수, 그리고 실수 안에 있는 여러 가지 수의 체계는 이미 중·고등학교 과정을 마쳤다면 수학시간에 배웠던 내용이라 다 알겠지만, 다시 한 번 정리한다는 차원에서 하나씩 언급해 보도록 하겠다.

> **사칙연산에 관하여 '닫혀 있다'는 개념**
>
> a, b를 수의 집합 A 의 임의의 원소라고 할 때, (즉 $a, b \in A$)
> $a+b \in A$, $a-b \in A$, $a \times b \in A$, $a \div b \in A$ (단, $b \neq 0$)이면 A는 덧셈, 뺄셈, 곱셈, 나눗셈에 관해 각각 닫혀있다고 한다.

  '닫혀 있지 않다'는 것을 말할 때에는 위와 같은 연산의 결과가 그 집합에 속하지 않는 예를 하나만 들면 되는데, 이를 반례(counter example)라 한다.

예제 7 집합 $S=\{\ 1, 2, 3, 4, 5\ \}$에 대하여 사칙연산에 닫혀 있는지 확인하시오.

항등원과 역원의 개념('+'에 대한)

a를 어떤 수의 집합 A의 임의의 원소라고 할 때,

a의 '+'에 대한 항등원과 역원의 정의

(1) "a의 '+'에 대한 항등원은 'e' 이다"라는 정의는

$a + e = a = e + a$인 조건을 만족하는 e가 A의 원소일 때를 말한다.

(2) "a의 '+'에 대한 역원은 'x' 이다"라는 정의는

a의 '+'에 대한 항등원 'e'가 존재하며

$a + x = e = x + a$인 조건을 만족하는 x가 A의 원소일 때를 말한다.

예제 8 다음의 집합에서 '+'에 대한 항등원과 역원이 있으면 구하시오.

(1) $A = \{1, 2, 3\}$

(2) $B = \{1, 0, -1\}$

항등원과 역원의 개념('×'에 대한)

a를 어떤 수의 집합 A의 임의의 원소라고 할 때,

a의 '×'에 대한 항등원과 역원의 정의

(1) a의 '×'에 대한 항등원 $= \triangle$

$a \times \triangle = a = \triangle \times a$ 인 조건을 만족하는 $\triangle$가 A의 원소일 때를 말한다.

(2) a의 '×'에 대한 역원 $= y$

a의 '×'에 대한 항등원($= \triangle$)이 존재하며,

$a \times y = \triangle = y \times a$인 조건을 만족하는 y가 A의 원소일 때를 말한다.

예제 9 다음의 집합에서 '×'에 대한 항등원과 역원이 있으면 구하시오.

(1) $A = \{1, 2, 3\}$

(2) $B = \{1, 0, -1\}$

2.1 자연수(natural number)

인류가 가장 먼저 발견한 수의 체계가 바로 자연수이며, 기호로 N이라 쓰고 일반적으로 수를 셀 때 사용하는 기본적인 수 체계이며 양의 많고 적음과 순서를 표현할 수 있는 가장 기본적인 단위의 수체계이다. 또한, 대수학적인 구조로 볼 때, 자연수에 '0'을 포함하는 경우와 '0'을 제외하는 경우를 모두 생각할 수 있다.

즉 자연수의 집합을 $N = \{0, 1, 2, 3, \cdots\}$이라하고, $N^+ = \{1, 2, 3, \cdots\}$(양의 정수)로 나타내기도 한다.

> **자연수의 정밀성(또는 최소의 공리, Well-ordering principal)**
> 공집합이 아닌 자연수의 부분집합에 대하여, 그 부분집합에는 최소의 원소가 존재한다.

[예제] $A = \{3, 5, 7\}$

순서가 정해진 집합$(N, \leq)$이 전체적으로 순서가 정해져 있는 집합
(totally ordered set)

임의의 자연수 $a, b, c \in N$에 대하여

(1) $a \leq b$ 또는 $b \leq a$이면, $a = b$이다.

(2) $a \leq b$ 또는 $b \leq c$이면, $a \leq c$이다.

(3) $a, b \in N$에 대하여, $a \leq b$ 또는 $b \leq a$이다.

참고 자연수는 전체적으로 순서가 정해져 있는 집합(totally ordered set)이다.

예제 10 두 자연수 a, b가 다음과 같을 때, 사칙연산의 결과가 자연수이면 ○, 자연수가 아니면 ×로 나타내시오.

자연수의 사칙연산	$a+b$	$a-b$	$b-a$	$a \times b$	$a \div b$
$a = 3$, $b = 2$					

참고 자연수는 덧셈과 곱셈에 닫혀있다.

2.2 정수(integer)

자연수(또는 양의 정수)에서 수의 개념이 확장된 수의 체계로 자연수에 '0'과 음의 정수가 포함된 개념으로 기호로 Z라 쓰며, 음의 정수와 '0'의 도입으로 인해 인류는 방정식의 해를 구할 수 있는 범위가 확장 되어 수학과 과학의 비약적 발전을 가져오게 된다.

즉 정수의 집합은 $Z = \{\cdots, -2, -1, 0, 1, 2, \cdots\}$이며, 자연수를 포함한다.

임의의 정수 a, b, c에 대하여

(1) $a + b = b + a$ (덧셈의 교환법칙)

(2) $a + 0 = a = 0 + a$ (덧셈에 관한 항등원 '0')

(3) $a + (-a) = 0 = (-a) + a$ (덧셈에 관한 역원 $-a$)

(4) $(a + b) + c = a + (b + c)$ (덧셈의 결합법칙)

(5) $a \cdot b = b \cdot a$ (곱셈의 교환법칙)

(6) $a \cdot 1 = a = 1 \cdot a$ (곱셈에 관한 항등원 1)

(7) $(a \cdot b) \cdot c = a \cdot (b \cdot c)$ (곱셈의 결합법칙)

(8) $(a + b) \cdot c = a \cdot c + b \cdot c$ (배분법칙)

예제 11 두 정수 a, b가 다음과 같을 때, 사칙연산의 결과가 정수이면 ○, 정수가 아니면 ×로 나타내시오.

정수의 사칙연산	$a+b$	$a-b$	$b-a$	$a \times b$	$a \div b$
$a=3, \ b=-2$					

참고 정수는 덧셈과 뺄셈, 그리고 곱셈에 닫혀있다.

참고 정수는 최소의 공리(Well-ordering principal)를 만족하지 않는다.

참고 정수는 전체적으로 순서가 정해져 있는 집합(totally ordered set)이다.

예제 12 정수의 부분집합 A, B, C에 대하여 사칙연산 중 어느 연산에 닫혀있는지 구하시오.

(1) $A = \{x \mid x = 2n + 1, \ n$은 정수$\}$

(2) $B = \{x \mid x = 3n + 1, \ n$은 정수$\}$

(3) $C = \{x \mid x = 3n + 2, \ n$은 정수$\}$

(1) 2의 배수는 일의 자리 수가 '0, 2, 4, 6, 8'인 수

(2) 3의 배수는 각 자리 숫자의 합이 3의 배수가 되는 수

(3) 4의 배수는 맨 뒤의 두 자리 수가 '00' 또는 4의 배수 인 수

(4) 5의 배수는 일의 자리 수가 '0'과 '5'인 수

(5) 6의 배수는 3의 배수 이면서 일의 자리 수가 '0, 2, 4, 6, 8'인 수

(6) 8의 배수는 끝의 세자리가 8의 배수 인 수

(7) 9의 배수는 각 자리 수의 합이 9의 배수인 수

참고 $ABCDE$이 7의 배수 : $ABCD - 2E$가 7의 배수

예제 13 다음 수 중 2에서 9까지 어떤 수의 배수인지 찾으시오.

(1) 43712   (2) 5914   (3) 35912

2.3 유리수(rational number)의 집합

유리수는 a, b가 정수 이고, $b \neq 0$일 때, $\dfrac{a}{b}$꼴로 쓸 수 있는 수를 모아놓은 집합을 의미하며, 유리수를 표현하는 방법은 유리수가 두 정수의 몫으로 표현되기에 몫의 표현인 *quotient*의 Q로 쓰며, 유리수의 집합을 조건제시법으로 나타내면 다음과 같다.

$$Q = \{\frac{a}{b} \mid a, b \in \mathbb{Z}, \ b \neq 0\}.$$

예제 14 다음 유한소수 및 무한소수를 유리수로 나타내시오.

(1) 0.26   (2) 0.777⋯   (3) 0.292929⋯

예제 15 두 유리수 p, q가 다음과 같을 때, 사칙연산의 결과가 유리수이면 ○, 유리수가 아니면 ×로 나타내시오. (단, $a_1 \neq 0$, $b_1 \neq 0$)

유리수의 사칙연산	$p+q$	$p-q$	$p \times q$	$p \div q$
$p = \dfrac{b_1}{a_1}$, $q = \dfrac{b_2}{a_2}$				

참고 유리수는 사칙연산에 닫혀있다.

무한등비급수

첫째항이 a, 공비가 r인 무한등비수열 a, ar, ar^2, $\cdots$, ar^{n-1}, $\cdots$으로 이루어지는 무한급수 $\displaystyle\sum_{n=1}^{\infty} ar^{n-1} = a + ar + ar^2 + \cdots + ar^{n-1} + \cdots$를 **무한등비급수**라 한다. 이 때, $r < 1$일 때, **수렴**하고 그 합은 $\dfrac{a}{1-r}$ 이다.

예제 16 다음 순환소수가 유리수임을 두 가지 방법으로 증명하시오.

(1) $0.777\cdots$

(2) $0.292929\cdots$

(3) $7.327327327\cdots$

2.4 무리수(irrational number)의 집합

x의 제곱근

제곱하여 x가 되는 실수

참고 양의 제곱근을 $\sqrt{x}$ 라고 표기하고 "제곱근 x"라고 읽는다.

예제 17 다음 수의 제곱근을 구하시오.

(1) 49 (2) 4 (3) 5

소수의 종류

(1) 유한소수 : 소수점 아래에 0이 아닌 숫자가 유한개인 소수
(2) 무한소수 : 소수점 아래에 0이 아닌 숫자가 무한히 계속되는 소수
  ① 순환소수 : 소수점 이하에 동일한 숫자 열이 반복되는 소수
  ② 비순환소수 : 소수점 이하에 동일한 숫자 열이 반복되지 않는 소수

참고 무리수란 유리수가 아닌 수로 소수로 나타내면 순환하지 않는 무한소수를 의미

예제 18 두 무리수 p, q가 다음과 같을 때, 사칙연산의 결과가 무리수이면 ○,
무리수가 아니면 ×로 나타내시오.

무리수의 사칙연산	$p+q$	$p-q$	$p \times q$	$p \div q$
p, q				

참고 무리수는 사칙연산에 닫혀있지 않다.

원주율

원주(원둘레)의 길이를 원의 지름으로 나눈 값.(= 3.1415926535…… 무한소수)

⟨**기호**⟩ $\pi(\mathrm{rad})$: 존스(William Jones)

오일러의 수(Euler's number) e

'자연로그 e'를 수열의 극한 표현

$$e = \lim_{n \to \infty} \left(1 + \frac{1}{n}\right)^n \fallingdotseq 2.78 \cdots < 3 : 네이피어(John\,Napier)$$

2.5 실수(real number)

무리수는 유리수가 아닌 순환하지 않는 무한소수를 말하며, 피타고라스학파의 히파수스에 의하여 정사각형의 대각선의 길이가 유리수가 아니라는 사실이 발견되었으나 19세기 말에 칸토어, 데데킨트 등에 의하여 무리수의 존재성에 대하여 연구가 활발하게 진행되었다. 유리수와 무리수의 합집합을 실수라 하며, 실수의 집합을 R 이라 쓴다.

$$
\text{실수}
\begin{cases}
\text{유리수}
\begin{cases}
\text{정수}
\begin{cases}
\text{양의 정수(자연수)} \\
0 \\
\text{음의 정수}
\end{cases} \\
\text{정수가 아닌 유리수}
\end{cases} \\
\text{무리수}
\end{cases}
$$

실수의 성질

임의의 실수 a, b, c 에 대하여

(1) $a+b=b+a$, $a \cdot b=b \cdot a$ (덧셈과 곱셈의 교환법칙)

(2) $a+0=a=0+a$ (덧셈에 관한 항등원 '0')

(3) $a+(-a)=0=(-a)+a$ (덧셈에 관한 역원 $-a$)

(4) $(a+b)+c=a+(b+c)$ (덧셈의 결합법칙)

(5) $a \cdot 1=a=1 \cdot a$ (곱셈에 관한 항등원 1)

(6) $a \cdot \dfrac{1}{a}=1=\dfrac{1}{a} \cdot a$ (단, $a \neq 0$)   (곱셈에 관한 역원 $\dfrac{1}{a}$)

(7) $(a \cdot b) \cdot c=a \cdot (b \cdot c)$ (곱셈의 결합법칙)

(8) $(a+b) \cdot c=a \cdot c+b \cdot c$ (배분법칙)

그러므로 실수의 특성에 대하여 중요한 몇 가지만 알아보도록 하자.

첫째, 실수와 수직선은 1-1 대응 관계를 이루고 있다. (실수의 완비성)

실수는 유리수와 무리수로 구성되어 있으며, 유리수와 유리수 사이에는 수 없이 많은 유리수가 존재하며 무리수와 무리수 사이에도 수없이 많은 무리수가 존재하기에 실수와 실수 사이에도 무수히 많은 실수가 존재하여 수직선은 실수에 대응하는 점들로 가득 메워진다.

둘째, 구간(interval)을 정의할 수 있다.

(1) 폐구간(closed interval) $[a, b] = \{ x \in R \mid a \leq x \leq b \}$

(2) 개구간(open interval) $(a, b) = \{ x \in R \mid a < x < b \}$

(3) 반개구간(half-open interval) 또는 반폐구간(half-closed interval)

$(a, b] = \{ x \in R \mid a < x \leq b \}$, $[a, b) = \{ x \in R \mid a \leq x < b \}$

셋째, 임의의 실수 $x \in R$에 대하여, $x^2 \geq 0$이다.

넷째, 실수의 분할에 대한 관계 고찰 가능

(1) 실수 = 유리수 ∪ 무리수

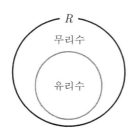

(2) $R = R^- \cup \{0\} \cup R^+$

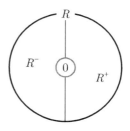

그러므로 $\{ x \in R \mid x^2 \geq 0 \} = R^+ \cup \{0\}$, $\{ x \in R \mid x^2 \leq 0 \} = R^- \cup \{0\}$이다.

다섯째, 임의의 실수 $x \in R$에 대하여,

$$x = \begin{cases} x, & x \geq 0 \\ -x, & x < 0 \end{cases}$$

지금까지 배운 자연수, 정수, 유리수, 무리수, 실수의 집합에서 사칙연산에 대한 닫힘 성질을 정리하면 다음과 같다.

(단, 분모의 경우에는 '0'으로 나누는 것을 제외하였음)

구 분	덧셈	뺄셈	곱셈	나눗셈
자연수(N)	○	×	○	×
정수(Z)	○	○	○	×
유리수(Q)	○	○	○	○
무리수	×	×	×	×
실수(R)	○	○	○	○

2.6 복소수(complex number)

복소수의 정의

복소수는 a, b가 실수일 때, $a+bi$ 꼴로 쓸 수 있는 수를 모아놓은 집합을 의미하며, 복소수를 표현하는 방법은 C로 쓴다.

$$C = \{ x+yi \mid x,y \in R, i=\sqrt{-1} \} = \{ z \mid z=x+yi, x,y \in R, i=\sqrt{-1} \}$$

먼저 허수단위 $i=\sqrt{-1}$은 실수가 아니기에 크기를 비교할 수 없으며, 양수와 음수의 개념도 사용하지 않고, 단지 $i^2=-1$을 의미한다.

예제 19 다음 표를 완성하시오.

i	i^2	i^3	i^4	i^5	i^6	i^7	i^8

또한, 임의의 복소수 $z = x + yi$에 대하여, 켤레복소수 또는 공액복소수를 $\bar{z}$로 나타내며, $\bar{z} = x - yi$로 쓴다.

복소수의 성질

임의의 복소수 z_1, z_2, z_3에 대하여

(1) $z_1 + z_2 = z_2 + z_1$, $z_1 z_2 = z_2 z_1$ (덧셈과 곱셈의 교환법칙)

(2) $z_1 + 0 = z_1 = 0 + z_1$ (덧셈에 관한 항등원 '0')

(3) $z_1 + (-z_1) = 0 = (-z_1) + z_1$ (덧셈에 관한 역원 $-z_1$)

(4) $(z_1 + z_2) + z_3 = z_1 + (z_2 + z_3)$ (덧셈의 결합법칙)

(5) $z_1 1 = z_1 = 1 z_1$ (곱셈에 관한 항등원 1)

(6) $z_1 \dfrac{1}{z_1} = 1 = \dfrac{1}{z_1} z_1$ (단, $z_1 \neq 0$)   (곱셈에 관한 역원 $\dfrac{1}{z_1}$)

(7) $(z_1 z_2) z_3 = z_1 (z_2 z_3)$ (곱셈의 결합법칙)

(8) $(z_1 + z_2) z_3 = z_1 z_3 + z_2 z_3$ (배분법칙)

예제 20   두 복소수 $z_1 = 2 + i$, $z_2 = 1 + 2i$에 대하여 다음을 구하시오.

(1) $z_1 + z_2$ (2) $z_1 - z_2$ (3) $z_1 z_2$

(4) $\overline{z_1 + z_2}$ (5) $\overline{z_1 - z_2}$ (6) $\overline{z_1 z_2}$

(7) z_1^2 (8) z_2^2

03 명제

3.1 명제와 조건

명제(PROPOSITION)의 정의

참과 거짓을 분명하게 구분할 수 있는 문장이나 식

예제 21 다음 문장 중 명제인 것을 찾고, 참과 거짓을 판명하시오.
(1) 베토벤은 음악의 천재이다.   (2) 소크라테스는 사람이다.
(3) 7은 소수이다.   (4) x는 6의 약수이다.

조건과 진리집합

변수를 포함하는 문장이나 식이 변수의 값에 따라 참, 거짓이 정해질 때, 이 문장이나 식을 조건이라고 하며, 전체집합 U의 원소 중에서 어떤 조건을 참이 되게 하는 모든 원소의 집합을 그 조건의 진리집합이라고 한다.

참고 전체집합 U는 특별한 조건이 없는 한 실수의 집합으로 간주한다.

일예로 "x는 6의 약수이다"는 x의 값이 정해지면 명제가 된다.
$x = 2$이면 참인 명제가 되고, $x = 4$가 되면 거짓 명제가 된다.

예제 22 전체집합 $U = \{1, 2, 3, 4, 5, 6, 7\}$일 때, 다음 조건의 진리집합을 구하시오.

(1) a는 짝수이다. (2) b는 홀수이다.

(3) c는 8의 약수이다. (4) $3d + 1 < 10$

부정

명제 또는 조건 p에 대하여 'p가 아니다.'를 p의 부정이라 한다.

〈기호〉 $\sim p$ (not p)

예제 23 전체집합 $U = \{1,2,3,4,5,6,7\}$일 때, 다음 조건의 부정을 말하고, 부정에 해당하는 진리집합을 구하시오.

(1) a는 짝수이다. (2) b는 홀수이다.

(3) c는 8의 약수이다. (4) $3d + 1 < 10$

명제 : "p이면 q이다"의 참과 거짓

기호 : p $\rightarrow$ q

     p(가정) q(결론)

     p의 진리집합 P, q의 진리집합 Q일 때,

     참 : $P \subset Q$

참고 참이 아닌 경우, 거짓명제로 판명

예제 24 다음 조건명제의 가정과 결론, 그리고 참과 거짓을 판명하시오. (단, x, y 는 자연수)

(1) x, y가 홀수이면 $x+y$는 홀수이다.

(2) x, y가 소수이면 $x+y$는 소수이다.

(3) x가 3의 배수이면 x^2이 3의 배수이다.

(4) x^2이 3의 배수이면 x가 3의 배수이다.

예제 25 다음 조건명제가 거짓인 경우 반례를 구하시오. (단, x, y는 자연수)

(1) x, y가 홀수이면 $x+y$는 홀수이다.

(2) x, y가 소수이면 $x+y$는 소수이다.

(3) x가 3의 배수이면 x^2이 9의 배수이다.

(4) x^2이 9의 배수이면 x가 3의 배수이다.

"모든($\forall$) 또는 어떤($\exists$)"에 대한 참과 거짓

전체집합을 U, 조건 p의 진리집합을 P라고 할 때,

(1) '모든 x에 대하여 p이다.'는 $P = U$이면 참이고, 그렇지 않으면 거짓

(2) '어떤 x에 대하여 p이다.'는 $P \neq \varnothing$이면 참이고, 그렇지 않으면 거짓

예제 26 다음 조건명제의 참과 거짓을 판명하시고, 거짓인 경우 반례를 구하시오.

(1) 모든 실수 x에 대하여, $x^2 > 0$ 이다.

(2) 모든 실수 x에 대하여, $x^2 \geq 0$ 이다.

(3) 어떤 실수 x에 대하여, $x^2 > 0$ 이다.

(4) 어떤 실수 x에 대하여, $x^2 \geq 0$ 이다.

(5) 모든 실수 x에 대하여, $|x| > 0$ 이다.

(6) 모든 실수 x에 대하여, $|x| \geq 0$ 이다.

(7) 어떤 실수 x에 대하여, $|x| > 0$ 이다.

(8) 어떤 실수 x에 대하여, $|x| \geq 0$ 이다.

3.2 명제사이의 관계

명제의 역과 대우

역 : "p이면 q이다"에서 가정과 결론을 바꾸어 놓은 "q이면 p이다"를 말한다.

대우 : "p이면 q이다"에서 가정과 결론을 부정하여 바꾸어 놓은

"$\sim q$이면 $\sim p$이다"를 말한다.

참고 주어진 명제가 참이면, 대우명제도 참이다.

예제 27 다음 명제의 역을 구하고, 참과 거짓을 판명하시오.

(1) x, y가 홀수이면 $x+y$는 홀수이다.

(2) x, y가 소수이면 $x+y$는 소수이다.

(3) x가 3의 배수이면 x^2이 9의 배수이다.

(4) x^2이 9의 배수이면 x가 3의 배수이다.

예제 28 다음 명제의 대우를 구하고, 참과 거짓을 판명하시오.

(1) x, y가 홀수이면 $x+y$는 홀수이다.

(2) x, y가 소수이면 $x+y$는 소수이다.

(3) x가 3의 배수이면 x^2이 9의 배수이다.

(4) x^2이 9의 배수이면 x가 3의 배수이다.

참고 명제사이의 관계

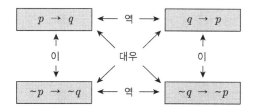

예제 29   다음 명제의 참과 거짓을 판명하고, 참인 경우 증명하시오.

(1) $x = 3$이면, $x^3 + x^2 + x = 39$이다.
(2) m이 2의 배수이면, m^2이 2의 배수이다.
(3) m^2이 2의 배수이면, m이 2의 배수이다.
(4) $\sqrt{2}$가 무리수일 때, $\sqrt{2}+1$은 무리수이다.
(5) $\sqrt{2}$가 무리수임을 증명하시오.

참고   서로 소: 1 이외에 공약수를 갖지 않는 둘 이상의 자연수

예제 30   다음 수가 무리수임을 증명하시오.

(1) $\sqrt{3}$
(2) $\dfrac{\sqrt{2}}{3}$
(3) $3\sqrt{2}$

■ CHAPTER 01 **연습문제**

1-1. 자연수를 원소로 갖는 공집합이 아닌 집합 S가 있다.
"조건 $x \in S$이면 $5 - x \in S$이다"를 만족하는 집합 S를 모두 구하시오.

1-2. 집합 $A = \{-1, 0, 1\}$는 사칙연산 중 어느 연산에 닫혀있는지 구하시오.

1-3. 임의의 정수 a, b에 대하여 연산 ◉을 $a ⊙ (b-3) = a + b - 2$로 정의할 때,
연산 ◉에 대한 1의 역원을 구하시오.

1-4. 두 실수 a, b에 대하여 연산 $*$를 $a*b = \dfrac{2a+b}{a+b}$로 정의하고, $a*b = \dfrac{2}{3}$일
때, $b*a$의 값을 구하시오. (단, $a \neq 0$)

1-5. 임의의 실수 a, b에 대하여 주어진 연산을 다음과 같이 정의할 때, 다음 각
연산에 대한 4의 역원을 구하시오.
(1) $a ★ b = (a+2)(b+2) - 2$
(2) $a △ b = 2ab + 2(a+b) + 1$

1-6. 임의의 실수 a, b에 대하여 연산 ☆을 $a☆b = ab + 2(a+b) + k$로 정의할
때, 연산 ☆에 대한 항등원이 존재하도록 하는 상수 k의 값과 항등원 e의
값의 합인 $k + e$의 값을 구하시오.

1-7. 등식 $|a| + a = 0$을 만족하는 실수 a에 대하여 $\sqrt{a^2} + 3a - |3a|$을 간단히
하시오.

1-8. x가 정수일 때, x가 5의 배수일 필요충분조건은 x^2이 5의 배수임을 증명하
시오.

1-9. $n(A \cup B) = n(A) + n(B) - n(A \cap B)$을 이용하여

$$n(A \cup B \cup C) = n(A) + n(B) + n(C) - n(A \cap B) - n(A \cap C)$$
$$- n(B \cap C) + n(A \cap B \cap C)$$

임을 증명하시오.

1-10. 전체집합 $U = \{1,2,3,4,5,6,7,8,9,10\}$의 부분집합 $A = \{1,3,5,7\}$,
$B = \{1,2,3\}$, $C = \{3,4,5,9\}$에 대하여 다음을 구하시오.
(1) $n(A \cap B \cap C)$
(2) $n(A \cup B \cup C)$

식의 계산

1. 단항식과 다항식의 계산

2. 방정식

01 단항식과 다항식의 계산

이 절에서는 중·고교과정에서 배우고 익혔던 식의 종류와 의미, 그리고 계산방법에 대하여 간단하게 소개하고자 합니다.

1.1 단항식과 다항식

항이란 수 또는 문자의 곱으로 이루어진 식을 말하며, 단항식이란 수와 몇 개의 곱으로 이루어진 식을 말한다.

예제 1 다음 단항식을 간단히 하시오.

(1) $2a^3b \times 3ab$

(2) $3a^3b \times 4a^3b^4$

(3) $(2a^3)^2 \times 3a \times 5a^2$

(4) $(2a^3b)^2 \times (3ab^2)^3$

(5) $3a^3b \div 2a^2b$

(6) $6a^3b \div \dfrac{1}{2}ab$

(7) $3a^3b \div 4a^3b^4$

(8) $(2a^3b)^2 \div (3ab^2)^3$

다항식이란 두 개 이상의 단항식의 합으로 이루어진 식을 말하며, 문자를 갖지 않고 숫자로 이루어진 항을 상수항이라 한다.

[예제] 주어진 식 $3x + 2y - xy + 6$은

단항식은 $3x,\ 2y,\ -xy,\ 6$이며,

주어진 식은 이러한 단항식을 합으로 표현 했으므로 다항식이 되며,

문자를 갖지 않고 숫자로 이루어진 항 6을 상수항이라 한다.

다항식의 연산 기본 법칙

다항식 A, B, C 에 대하여

(1) $A + B = B + A,\ AB = BA$ (덧셈과 곱셈에 대한 교환법칙)

(2) $A + (B + C) = (A + B) + C,\ A(BC) = (AB)C$ (덧셈과 곱셈에 대한 결합법칙)

(3) $A(B + C) = AB + AC$ (분배법칙)

두 개 이상의 단항식에서 문자의 차수가 동일한 항을 동류항이라 하며, 다항식을 계산하는데 있어서 먼저 동류항을 정리한 후, 내림차순으로 계산하는 것이 편리하다.

예제 2 $A = x^3 - 2x^2 + 3x - 1,\ B = 2x - 1$ 일 때, 다음을 구하시오.

(1) $A + B$ (2) $A - B$

(3) AB (4) $A \div B$

1.2 곱셈공식

두 개 이상의 다항식을 전개하는데 필요한 중요한 곱셈공식은 다음과 같다.

① $m(a+b+c)=$

② $(a+b)(c+d)=$

   $(ax+b)(cx+d)=$

③ $(a+b)^2=$

   $(a-b)^2=$

   $(x+a)^2=$

   $(a+b+c)^2=$

④ $(a+b)(a-b)=$

⑤ $(a+b)^3=$

   $(a-b)^3=$

⑥ $(a+b)(a^2-ab+b^2)=$

   $(a-b)(a^2+ab+b^2)=$

⑦ $(a+b+c)(a^2+b^2+c^2-ab-bc-ca)=$

⑧ $(a^2+ab+b^2)(a^2-ab+b^2)=$

곱셈공식을 사용하여 식을 전개할 경우

첫째, 어느 공식을 이용하는 것인지

둘째, 단순하게 문자가 아닌 형태를 확인하여야 한다.

예제3 다음 식을 전개하시오.

(1) $(3a-2b)^2$

(2) $(x-4y)(x+4y)$

(3) $(a-b+c)^2$

(4) $(a+b-c)(a-b+c)$

(5) $(x+1)(x+2)(x+3)(x+4)$

곱셈공식의 변형

① $a^2 + b^2 = (a+b)^2 - 2ab = (a-b)^2 + 2ab$

② $x^2 + \dfrac{1}{x^2} = (x + \dfrac{1}{x})^2 - 2 = (x - \dfrac{1}{x})^2 + 2$

③ $a^2 + b^2 + c^2 = (a+b+c)^2 - 2(ab+bc+ca)$

④ $a^3 + b^3 = (a+b)(a^2 - ab + b^2)$

$a^3 - b^3 = (a-b)(a^2 + ab + b^2)$

예제 4 다음 물음에 답하시오.

(1) $x + y = 4$, $xy = 3$일 때, $x^2 + y^2$의 값을 구하시오.

(2) $x + y + z = 5$, $xy + yz + zx = 7$일 때, $x^2 + y^2 + z^2$의 값을 구하시오.

(3) $x + \dfrac{1}{x} = 4$ 일 때, $x - \dfrac{1}{x}$의 값을 구하시오. (단, $x - \dfrac{1}{x} > 0$)

예제5 $x + y = 3$, $x^3 + y^3 = 18$ 일 때, 다음 식의 값을 구하시오.

(1) xy

(2) $x^2 + y^2$

(3) $x - y$

(4) $(x^2 + 2)(y^2 + 2)$

(5) $x^5 + y^5$

1.3 인수분해

인수분해란 하나의 다항식을 두 개 또는 그 이상의 다항식들의 곱으로 간단하게 나타내는 것을 말하며, 인수분해가 되었을 때, 곱을 이루고 있는 각 다항식들을 다항식의 인수라 부른다.

다항식을 인수 분해하는 방법

첫째, 공통인수로 묶는다.

둘째, 차수가 높은 것부터 낮은 순으로 정리한다. (내림차순 정리)

셋째, 공통인 항으로 묶여있는 경우에는 치환을 이용한다.

넷째, 제곱의 차의 형태로 변형한다.

$$A^2 - B^2$$

예제 6 다음 식을 인수 분해하시오.

(1) $ab + ac$ (2) $ax + by - ay - bx$

(3) $2x^3 - 3x^2 + 6x - 9$ (4) $a^3b - ab^2 + a^2c - bc$

2차식의 인수분해 방법 : 공식이용

① $x^2 + (a+b)x + ab = (x+a)(x+b)$

② $acx^2 + (ad+bc)x + bd = (ax+b)(cx+d)$

③ 같은 모양을 치환

④ $A^2 - B^2$ 또는 근의 공식을 이용

예제 7　다음 식을 인수 분해하시오.

(1) $x^2 + 3x + 2$　　　　　　　　　(2) $x^2 - 2x - 3$

(3) $2x^2 - x - 6$　　　　　　　　　(4) $4x^2 - 2x - 6$

(5) $(x - 2016)^2 - 3(x - 2016) - 4$

(6) $(x + 2)^2 - 2x - 4$　　　　　　(7) $9a^2 - b^2$

3차 이상의 인수분해 : 공식 이용

① $a^3 + 3a^2 b + 3ab^2 + b^3 = (a+b)^3,\ \ a^3 - 3a^2 b + 3ab^2 - b^3 = (a-b)^3$

② $a^3 + b^3 + c^3 - 3abc = (a+b+c)(a^2 + b^2 + c^2 - ab - bc - ca)$

③ $a^4 + a^2 b^2 + b^4 = (a^2 + ab + b^2)(a^2 - ab + b^2)$

예제 8　다음 식을 인수 분해하시오.

(1) $a^3 - 8b^3 + 6ab + 1$

(2) $(x - 1)^3 + (2x - 1)^3 + (2 - 3x)^3$

(3) $x^4 + 2x^2 + 9$

인수정리

고차다항식 $f(x)$가 $(x - a)$로 나누어떨어진다. $\leftrightharpoons f(x) = (x - a)Q(x)$ 이다.

그러므로 $f(a) = 0$이 되는 $x = a$ 값은 $a = \pm \dfrac{\text{상수항의 약수}}{\text{최고차항의 약수}}$ 중에 있다.

예제 9　다음 식을 인수 분해하시오.

(1) $x^3 + 2x^2 - 5x - 6$　　　　　　(2) $2x^3 - x^2 - 13x - 6$

1.4 유리식

유리식이란 임의의 두 다항식을 A, B (단, $B \neq 0$)라 할 때, $\dfrac{A}{B}$ 의 형태로 표현할 수 있는 식을 말하는 것으로 유리수의 정의와 기본성질, 그리고 사칙연산은 같은 방법으로 계산할 수 있다는 것을 알 수 있다. 이 절에서는 기본적인 계산을 제외하고 적분에서 사용하게 될 부분분수식에 대하여 설명과 간단한 유리식의 계산방법에 대하여 소개하도록 하겠습니다.

유리식의 기본성질

유리식 $\dfrac{A}{B}$ (단, $B \neq 0$)에 대하여 C가 0 이 아닌 다항식일 때,

① $\dfrac{A}{B} = \dfrac{A \times C}{B \times C}$ 　　　　　② $\dfrac{A}{B} = \dfrac{A \div C}{B \div C}$

유리식의 사칙연산

유리식 $\dfrac{A}{B}$ (단, $B \neq 0$)에 대하여 C, D가 0이 아닌 다항식일 때,

① $\dfrac{A}{C} + \dfrac{B}{C} = \dfrac{A+B}{C}$ 　　　　② $\dfrac{A}{C} + \dfrac{B}{C} = \dfrac{A-B}{C}$

③ $\dfrac{A}{B} \times \dfrac{C}{D} = \dfrac{AC}{BD}$ 　　　　④ $\dfrac{A}{B} \div \dfrac{C}{D} = \dfrac{AD}{BC}$

부분분수 계산 방법($B - A$가 상수인 경우)

$$\frac{1}{AB} = \frac{1}{B-A}\left(\frac{1}{A} - \frac{1}{B}\right) \ (단, \ B-A > 0)$$

참고 분모가 인수분해가 되어 있지 않은 경우, 인수분해 후 계산

예제 10 다음 유리식을 부분분수식으로 나타내시오.

(1) $\dfrac{1}{(x+1)x}$

(2) $\dfrac{1}{x(x-1)}$

(3) $\dfrac{1}{(x+1)(x+2)}$

(4) $\dfrac{1}{(x-2)(x+2)}$

(5) $\dfrac{1}{x^2-x-2}$

(6) $\dfrac{1}{x^2-3x-4}$

(7) $\dfrac{1}{4x^2-1}$

(8) $\dfrac{1}{9x^2-4}$

예제 11 $x^2+x+1=0$ 일 때, 다음 식의 값을 구하시오.

(1) $x+\dfrac{1}{x}$

(2) $x^2+\dfrac{1}{x^2}$

(3) $x-\dfrac{1}{x}$

(4) $x^3+\dfrac{1}{x^3}$

(5) $x^3-\dfrac{1}{x^3}$

(6) $x^8+\dfrac{1}{x^{14}}$

가비의 리를 활용한 계산 방법

$\dfrac{a}{b}=\dfrac{c}{d}=\dfrac{e}{f}$ 일 때, $\dfrac{a}{b}=\dfrac{c}{d}=\dfrac{e}{f}=\dfrac{a+c+e}{b+d+f}$

다음 물음에 답하시오.

(1) $\dfrac{a+b}{3} = \dfrac{b+c}{4} = \dfrac{c+a}{5}$ 일 때, $\dfrac{a-b+c}{a+b+c}$ 의 값을 구하시오.

(2) $\dfrac{2b+c}{3a} = \dfrac{c+3a}{2b} = \dfrac{3a+2b}{c} = k$ 일 때, k 의 값을 구하시오.

(3) $\dfrac{d}{a+b+c} = \dfrac{a}{b+c+d} = \dfrac{b}{c+d+a} = \dfrac{c}{d+a+b} = k$ 일 때, k의 값을 구하시오.

1.5 무리식

무리식이란 $\sqrt{x}$ 와 같이 근호 안에 미지수 x 또는 x에 관한 다항식을 포함하는 식을 말하며, 무리수의 정의와 기본성질, 그리고 사칙연산은 같은 방법으로 계산할 수 있다는 것을 알 수 있다. 이 절에서는 기본적인 계산을 제외하고 무리식의 존재조건과 간단한 계산, 그리고 이중근호 계산방법에 대하여 소개하도록 하겠습니다.

무리식의 존재조건

$\sqrt{f(x)}$ 가 존재하기 위하여 $f(x) \geq 0$이어야 하며, 무리식도 $\sqrt{f(x)} \geq 0$이어야 한다. 단, 무리식 $\sqrt{f(x)}$ 이 분모에 위치할 경우, $\sqrt{f(x)} \neq 0$이어야 한다.

무리식의 존재조건

$\sqrt{f(x)}$ 가 존재하기 위하여 $f(x) \geq 0$이어야 하며, 무리식도 $\sqrt{f(x)} \geq 0$이어야 한다. 단, 무리식 $\sqrt{f(x)}$ 이 분모에 위치할 경우, $\sqrt{f(x)} \neq 0$이어야 한다.

예제 13 다음 무리식의 값이 실수가 되기 위한 x의 범위를 구하시오.

(1) $\sqrt{x-1}$

(2) $\sqrt{2x+1}$

(3) $\dfrac{\sqrt{x+1}}{\sqrt{x-1}}$

(4) $\dfrac{\sqrt{2x-1}}{\sqrt{x+1}}$

예제 14 다음 식을 간단히 하시오.

(1) $\dfrac{1}{1-\dfrac{1}{\sqrt{2}-\dfrac{1}{\sqrt{2}-1}}}$

(2) $\dfrac{15}{\sqrt{3}+\dfrac{1}{\sqrt{3}+\dfrac{1}{\sqrt{3}}}}$

이중근호 계산방법

$a > b > 0$ 일 때, $\sqrt{a+b\pm 2\sqrt{ab}} = \sqrt{(\sqrt{a}\pm\sqrt{b})^2} = \sqrt{a}\pm\sqrt{b}$

예제 15 다음 식을 간단히 하시오.

(1) $\sqrt{7+2\sqrt{12}}$

(2) $\sqrt{12-6\sqrt{3}}$

(3) $\sqrt{11-6\sqrt{2}}$

(4) $\sqrt{3-\sqrt{8}}$

(5) $\sqrt{2-\sqrt{3}}$

02 방정식

이 절에서는 방정식의 의미를 이해하고, 방정식의 해를 구하는 방법과 근과 계수와의 관계에 대하여 학습하며, 고차방정식과 연립방정식에 대한 기초자료를 제공하고자 한다.

2.1 여러 가지 방정식

먼저 항등식의 개념에 대하여 소개한 후, 일차·이차 방정식을 기본으로 삼차 및 상반방정식의 해를 구하는 방법에 대하여 소개하기로 하겠다.

> **항등식**
>
> 주어진 등식에 포함된 문자에 어떠한 수를 대입하여도 등식이 성립하는 식을 말하며, x에 대한 항등식이 되도록 또는 x가 어떠한 값을 갖더라도 등식이 성립한다는 의미로 해석할 수 있다.

예제 16 다음 등식이 x에 대한 항등식이 되도록 a, b, c의 값을 구하시오.

(1) $3x + b = ax - 1$

(2) $ax^2 - 3x + 2 = 5x^2 - 3x + b$

(3) $ax^2 + bx + 3 = (x - 1)(x + c)$

(4) $2x^2 - 4x + 5 = a(x - 2)^2 + b(x - 2) + c$

방정식

항등식과 달리 특정한 값에 대해서만 성립하는 등식을 말하며, 방정식을 만족하는 값을 그 방정식의 해 또는 근이라 하며, 방정식의 해를 구하라는 것은 주어진 조건을 만족하는 미지수의 값을 구하라는 것을 의미한다.

우리는 보통 미지수로 문자 x를 사용하고 있기에 x에 대한 방정식이라 하며, x의 값을 구하는 것을 해를 구하는 것으로 사용한다. 미지수가 한 종류이고 미지수의 최고 차수가 1인 방정식을 일차방정식(또는 일원일차방정식)이라 한다. 또한 미지수가 한 종류이고 미지수의 최고 차수가 2인 방정식을 이차방정식(또는 일원이차방정식)이라 한다.

1차 방정식의 풀이(x값을 구하는 방법)

① $a \neq 0$이면, $x = \dfrac{b}{a}$

  (예 : $2x = 1$이면, $a = 2 \neq 0$이므로 $x = \dfrac{1}{2}$(해 또는 근))

② $a = 0$일 때, $0x = b$의 형태가 되며

  (ㄱ) $b = 0$이면, $0x = 0$이기에 x는 모든 실수(부정)

  (ㄴ) $b \neq 0$이면, $0x = b$이기에 x는 없다(불능)

예제 17 다음 일차방정식의 해를 구하시오.

(1) $ax - 1 = 0$

(2) $ax = a^2$

(3) $(a - b)x = a^2 - b^2$

2차 방정식의 풀이(x값을 구하는 방법)

기본 형태 : $ax^2 + bx + c = 0$ (2차식이므로 $a \neq 0$)

예제 18 다음 식이 2차방정식이 되기 위한 조건을 구하시오.

(1) $ax^2 + 3x + 1 = 0$

(2) $(a^2 - a)x^2 - x - 1 = 0$

2차 방정식의 풀이(x값을 구하는 방법)

기본 형태 : $ax^2 + bx + c = 0$ (2차식이므로 $a \neq 0$)

① 인수분해의 이용 : $ax^2 + bx + c$이 $(px - q)(rx - s)$로 인수분해되면,

   즉 $ax^2 + bx + c = (px - q)(rx - s) = 0$의 해는 $x = \dfrac{q}{p}, \ \dfrac{s}{r}$ 이다.

② 근의 공식을 이용

   $ax^2 + bx + c = 0$의 해는 $x = \dfrac{-b \pm \sqrt{b^2 - 4ac}}{2a}$ 이다.

여기에서 $D = b^2 - 4ac$를 판별식이라 하며,

(ㄱ) $D > 0$: 서로 다른 두 실근

(ㄴ) $D = 0$: 중근

(ㄷ) $D < 0$: 서로 다른 두 허근을 갖는다고 한다.

다음 2차방정식의 해를 구하시오.

(1) $x^2 - x - 2 = 0$ (2) $x^2 - 3x - 10 = 0$

(3) $2x^2 - x - 6 = 0$ (4) $3x^2 - 2x - 8 = 0$

(5) $x^2 - x - 3 = 0$ (6) $x^2 + 4x - 2 = 0$

(7) $3x^2 - x - 6 = 0$ (8) $2x^2 - 2x - 5 = 0$

3차 이상의 고차방정식의 풀이(x값을 구하는 방법)

① 인수정리를 이용하여 인수분해에 의하여 해를 구한다.

② 복이차방정식 : $ax^4 + bx^2 + c = 0$의 형태는 $x^2 = t$로 치환하거나 $A^2 - B^2 = 0$의 형태로 변형하여 해를 구한다.

③ 4차의 상반방정식 : $ax^4 + bx^3 + cx^2 + bx + a = 0$의 상반방정식은 x^2으로 나눈 후 $x + \dfrac{1}{x} = t$로 치환한 후, t에 대한 이차방정식으로 변형하여 해를 구한다.

예제 20   다음 방정식의 해를 구하시오.

(1) $x^3 + 2x^2 - 5x - 6$

(2) $x^3 + 3x^2 - 5x + 1$

(3) $x^4 + 3x^2 + 4 = 0$

(4) $x^4 - 3x^3 + 4x^2 - 3x + 1 = 0$

연립방정식

두 개 이상의 미지수를 포함하고 있는 방정식들이 쌍을 이루어 방정식을 구성하는 것을 연립방정식이라 하며, 이러한 연립방정식의 풀이는 연립방정식의 형태에 따라 다양한 방법으로 구할 수 있다.

예제 21 다음 연립방정식의 해를 구하시오.

(1) $\begin{cases} x + y = 5 \\ x - y = 1 \end{cases}$

(2) $\begin{cases} 2x + y = 5 \\ x - y = -2 \end{cases}$

(3) $\begin{cases} x + y + z = 6 \\ 2x + y - z = 1 \\ x + 2y - z = 2 \end{cases}$

(4) $\begin{cases} 2x + y + z = 8 \\ x + 2y + z = 6 \\ x + y + 2z = 2 \end{cases}$

2.2 근과 계수와의 관계

이차방정식 또는 삼차방정식에서 근들의 합과 곱을 그 계수를 이용하여 간단하게 나타내는 것을 이차 또는 삼차방정식의 근과 계수와 관계라고 한다.

2차방정식의 근과 계수와의 관계

$ax^2 + bx + c = 0$의 두 근을 α, β라 할 때,

① $a\alpha^2 + b\alpha + c = 0$, $a\beta^2 + b\beta + c = 0$

② $ax^2 + bx + c = a(x - \alpha)(x - \beta)$

③ $ax^2 + bx + c = 0$의 두 근의 합 $\alpha + \beta = -\dfrac{b}{a}$, 두 근의 곱 $\alpha\beta = \dfrac{c}{a}$ 이다.

예제 22   방정식 $x^2 - 3x + 1 = 0$ 의 두 근을 α, β라 할 때, 다음 값을 구하시오.

(1) $\alpha^2 - 3\alpha$ (2) $\beta^2 - 3\beta + 5$

(3) $\alpha^2 + \beta^2$ (4) $(\alpha - \beta)^2$

(5) $\dfrac{1}{\alpha} + \dfrac{1}{\beta}$ (6) $\dfrac{1}{\alpha} \times \dfrac{1}{\beta}$

(7) $\dfrac{1}{\alpha^2} + \dfrac{1}{\beta^2}$ (8) $\left(\dfrac{1}{\alpha} + \dfrac{1}{\beta}\right)^2$

(9) $\left(\dfrac{1}{\alpha} - \dfrac{1}{\beta}\right)^2$ (10) $\alpha + \dfrac{1}{\alpha}$

(11) $\alpha^2 + \dfrac{1}{\alpha^2}$ (12) $\alpha^3 + \dfrac{1}{\alpha^3}$

(13) $\alpha^3 + 2\alpha^2 + \alpha + \dfrac{1}{\alpha} + \dfrac{2}{\alpha^2} + \dfrac{1}{\alpha^3}$

3차방정식의 근과 계수와의 관계

$ax^3 + bx^2 + cx + d = 0$의 세 근을 α, β, γ라 할 때,

① $a\alpha^3 + b\alpha^2 + c\alpha + d = 0, \ a\beta^3 + b\beta^2 + c\beta + d = 0, \ a\gamma^3 + b\gamma^2 + c\gamma + d = 0$

② $ax^3 + bx^2 + cx + d = a(x - \alpha)(x - \beta)(x - \gamma)$

③ $ax^3 + bx^2 + cx + d = 0$에서

$$\alpha + \beta + \gamma = -\frac{b}{a}, \quad \alpha\beta + \beta\gamma + \gamma\alpha = \frac{c}{a}, \quad \alpha\beta\gamma = -\frac{d}{a}$$

방정식 $x^3 - 2x^2 - 3x + 1 = 0$의 두 근을 α, β, γ라 할 때, 다음 값을 구하시오.

(1) $\alpha^3 - 2\alpha^2 - 3\alpha$

(2) $\gamma^3 - 2\gamma^2 - 3\gamma + 7$

(3) $\alpha + \beta + \gamma$

(4) $\alpha\beta + \beta\gamma + \gamma\alpha$

(5) $\alpha\beta\gamma$

(6) $\alpha^2 + \beta^2 + \gamma^2$

(7) $\alpha^3 + \beta^3 + \gamma^3$

(8) $(1-\alpha)(1-\beta)(1-\gamma)$

(9) $\dfrac{1}{\alpha} + \dfrac{1}{\beta} + \dfrac{1}{\gamma}$

(10) $\dfrac{1}{\alpha^2} + \dfrac{1}{\beta^2} + \dfrac{1}{\gamma^2}$

$x^3 - 1 = 0$의 한 허근을 ω라 할 때, 다음 식의 값을 구하시오.

(1) ω^3

(2) $\omega^2 + \omega + 1$

(3) $\omega^{14} + \omega^{13}$

(4) $\omega^{2n} + \omega^n$

(5) $\dfrac{\omega^2}{1 + \omega} + \dfrac{\omega}{\omega^2 + 1}$

(6) $\omega^{2016} + \dfrac{1}{\omega^{2016}}$

2-1. 다음 식을 전개하시오.

(1) $(a+b)^4$

(2) $(a+b)^5$

2-2. $x+y+z=p,\ xy+yz+zx=q,\ xyz=r$ 일 때, 다음 식을 p, q, r 로 나타내시오.

(1) $x^2+y^2+z^2$

(2) $x^3+y^3+z^3$

(3) $x^2y^2+y^2z^2+z^2x^2$

(4) $x^4+y^4+z^4$

2-3. 다음 식을 인수 분해하시오.

(1) $a^2-ac+ab-bc$

(2) x^2-2x-5

(3) $2x^2-x-4$

(4) $2x^2+(5y+1)x+(2y^2-y-1)$

(5) $6x^2+5xy+y^2+x+y-2$

(6) $x^2+y^2-z^2+2xy$

(7) x^4-6x^2+1

(8) $(x^2+4x+3)(x^2+12x+35)+15$

(9) x^3+3x^2-5x+1

(10) $2x^4+5x^3-5x-2$

2-4. 다음 식을 간단히 하시오.

(1) $\sqrt{3 - \sqrt{8}}$

(2) $\sqrt{2 - \sqrt{3}}$

2-5. 다음 방정식의 해를 구하시오.

(1) $2x^3 - x^2 - 13x - 6$

(2) $2x^4 + 5x^3 - 5x - 2$

(3) $x^4 - 13x^2 + 4 = 0$

(4) $x^4 - 5x^3 + 8x^2 - 5x + 1 = 0$

2-6. 다음 연립방정식의 해를 구하시오.

(1) $\begin{cases} x - y = 2 \\ x^2 + y^2 = 34 \end{cases}$

(2) $\begin{cases} x - y = 1 \\ x^2 + y^2 = 25 \end{cases}$

(3) $\begin{cases} 2y^2 - 5x + 3y = 9 \\ 3y^2 + 2x - 5y = 4 \end{cases}$

(4) $\begin{cases} x^2 - 2xy + y^2 = 1 \\ x^2 + xy - 2y^2 = -5 \end{cases}$

2-7. $x^2 + bx + c = 0$의 두 근을 α, β라 할 때, 다음 두 수를 두 근으로 하는 이차방정식을 구하시오.

(1) $-\alpha, -\beta$

(2) $\dfrac{1}{\alpha}, \dfrac{1}{\beta}$

(3) $2\alpha - 1, 2\beta - 1$

CHAPTER

3

함 수

1. 함수의 정의와 성질
2. 일대일 대응
3. 역함수

01 함수(functions)의 정의와 성질

데카르트(Descartes, R. 1596-1650)는 함수의 개념을 명확히 곡선의 방정식으로 나타내는 획기적인 표현법을 마련하면서 좌표 (x, y)라는 개념을 도입하여 직선에 의한 양수와 음수를 표현함으로써 대수적 방정식을 그래프로 나타내어 직관적으로 파악하는 것이 가능하게 하여 기하학과 대수학이라는 이질적인 것을 하나로 통합하는 계기가 되도록 학문적인 뒷받침을 해준 학자이다.

일예로, 한 변의 길이가 x인 정사각형의 넓이를 S라 하면 $S = x^2$이다.

이 때, $x = 1$이면, $S = 1^2 = 1$이고, 순서쌍으로 표현하면 $(1,1)$로 쓸 수 있다.

$\quad\quad\quad$ $x = 2$이면, $S = 2^2 = 4$이고, 순서쌍으로 표현하면 $(2,4)$로 쓸 수 있으며,

$\quad\quad\quad$ $x = n$이면, $S = n^2$이고 순서쌍으로 표현하면 (n, n^2)로 쓸 수 있으며,

좌표평면에 나타낼 수 있다는 사실로부터 함수의 개념에 대하여 소개하고자 한다.

1.1 함수의 정의

함수의 정의

공집합이 아닌 실수의 부분집합 X, Y에 대하여 X에 있는 원소 하나 하나에 대하여 Y에 있는 원소에 하나씩 대응될 때, 이 대응관계를 (실변수) 함수라 한다.

[기호] $f : X \to Y$, $y = f(x)$

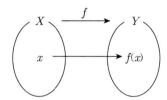

정의역$(X) = dom(f)$

공역(Y)

치역 $ran(f) = \{ f(x) \mid x \in X \}$

$ran(f) \subseteq Y$

치역은 x에 대응되는 $f(x) = y$를 함숫값이라고 하며, 이러한 함숫값들을 모아놓은 집합

예를 들면, $X = \{ 1, 2, 3, 4 \}$, $Y = \{ a, b \}$라 하면, $\varnothing \neq X$, $Y \subseteq R$이므로 X에서 Y로 대응되는 대응관계를 생각할 수 있다.

예제 1 함수가 아닌 예

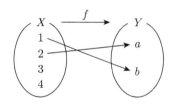

정의역 $X = \{ 1, 2, 3, 4 \}$에 있는 원소 중

$x = 1$은 공역 Y의 원소 중 b로 대응 되므로 $f(1) = b$이고,

$x = 2$는 공역 Y의 원소 중 a로 대응 되므로 $f(2) = a$이다.

그러나 $X = \{ 1, 2, 3, 4 \}$에 있는 원소 중 3, 4는 대응되는 $Y = \{ a, b \}$
의 원소가 없으므로 X에서 Y로 대응되는 대응관계를 생각할 수 없기에
함수가 아니다.

예제 2   함수가 아닌 예

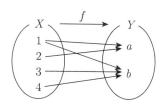

정의 역 $X = \{1, 2, 3, 4\}$에 있는 원소 중
$f(1) = a$, $f(1) = b$, $f(2) = a$, $f(3) = b$, $f(4) = b$로 공역
$Y = \{a, b\}$의 원소로 대응을 하고 있지만, $x = 1$은 Y에 있는 원소 a와
b로 대응되는 관계로 하나씩 대응하여야 한다는 정의에 위배되므로 X
에서 Y로 대응되는 대응관계를 생각할 수 없기에 함수가 아니다.

Tip : 함수가 되려면
정의역에 있는 모든 원소는 반드시 공역에 있는 원소에 대응
정의역에 있는 원소 하나에 공역에 있는 원소가 하나씩 대응

예제 3   두 집합 $X = \{2, 3, 4\}$, $Y = \{8, 9, 10\}$에 대하여 다음 조건에 맞는 대응관계를 나타내고, 함수가 되는 것을 찾고 정의역 $dom(f)$와 치역 $ran(f)$을 구하시오.

(1) X의 각 원소에 그 수의 배수인 Y의 원소를 대응시킨다.

(2) X의 각 원소에 그 수보다 7이 큰 수를 Y의 원소를 대응시킨다.

(3) X의 각 원소에 그 수보다 6이 큰 수를 Y의 원소를 대응시킨다.

(4) X의 각 원소 중 짝수인 원소는 Y의 짝수인 원소에 대응시키고, X의 각 원소 중 홀수인 원소는 Y의 홀수인 원소에 대응시킨다.

예제 4 $X = \{1, 2, 3, 4\}$, $Y = \{a, b\}$일 때, 주어진 각각의 경우에 대하여 함수인 것을 찾으시오.

(1)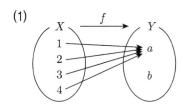

(2)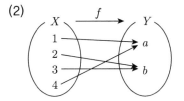

(3)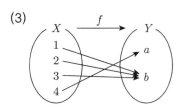

예제 5   실수의 집합을 R이라 할 때, R에서 R로의 대응이 다음과 같을 때, 함수인 것을 구하고, 함수인 경우 정의역 $dom(f)$과 치역 $ran(f)$을 구하시오.

(1)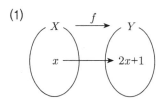

(2`)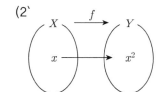

(3)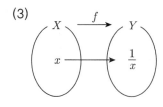

(4)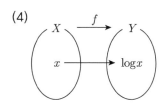

(5)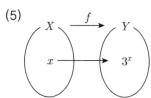

(6)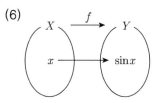

함수의 상등

두 함수 $f : X \to Y$, $g : A \to B$에 대하여,

① $X = A$이고

② 모든 $x \in X$에 대하여, $f(x) = g(x)$일 때, f와 g는 같다 또는 상등이라고 한다.

예제 6 두 실변수함수 f, g에 대하여, $f(x) = 3x + b$, $g(x) = ax - 3$이고, 두 실변수함수 f, g가 상등일 때, a, b의 값을 구하시오.

예제 7 정의역이 $X = \{1, -2\}$인 두 함수 $f(x) = 4$, $g(x) = ax^2 + bx$가 같은 함수가 되도록 실수 a, b 값을 구하시오.

1.2 함수의 기본연산 및 합성함수

함수의 사칙연산

두 실변수함수 f, g에 대하여 함수의 사칙연산은 다음과 같이 정의한다.

$$(f \pm g)(x) = f(x) \pm g(x)$$

$$(f \times g)(x) = f(x) \times g(x)$$

$$\left(\frac{f}{g}\right)(x) = \frac{f(x)}{g(x)}$$

예제 8 두 함수 $f(x) = x + 2$, $g(x) = x^2 - 1$일 때 다음을 구하시오.

(1) $(f + g)(x)$

(2) $(f - g)(x)$

(3) $(f \times g)(x)$

(4) $\left(\frac{f}{g}\right)(x)$

두 함수 $f : X \rightarrow Y$, $g : Y \rightarrow Z$가 있을 때, 임의의 $x \in X$에 대하여, $y = f(x) \, (y \in Y)$ 이고 $z = g(y) (z \in Z)$인 X에서 Z로의 함수를 f와 g의 합성함수라 한다.

〈기호〉 $g \circ f$

〈의미〉 $g \circ f : X \rightarrow Z$, $z = (g \circ f)(x) = g(f(x))$

예제 9 세 함수 $f(x) = 3x+1$, $g(x) = x^2 - 2$, $h(x) = \sqrt{x+1}$ 에 대하여 다음 합성함수를 구하시오.

(1) $g \circ f(x)$ (2) $f(g(x))$

(3) $g \circ h(x)$ (4) $h(g(x))$

(5) $f \circ h(x)$ (6) $h(f(x))$

(7) $g \circ f \circ h(x)$ (8) $g(h(f(x)))$

(9) $f \circ g \circ h(x)$ (10) $f(g(h(x)))$

예제 10 다음 물음에 답하시오.

(1) $f(x) = x+2$, $g(x) = 2x-1$에 대하여 $(h \circ g \circ f)(x) = g(x)$를 만족시키는 일차함수 $h(x)$를 구하시오.

(2) $f(x) = \dfrac{x+1}{x-1}$일 때, $f(f(x)) = \dfrac{1}{x}$을 만족시키는 x의 값을 구하시오.

(3) $f(\dfrac{x+1}{2}) = 3x-2$일 때, $f(\dfrac{5x+3}{4})$을 구하시오.

$f(x) = |x|$, $g(x) = x^2$일 때, 다음 물음에 답하시오. (단, $-1 \leq x \leq 1$)

(1) $f \circ f(x)$의 그래프

(2) $g \circ f(x)$의 그래프

(3) $f \circ g(x)$의 그래프

(4) $g \circ g(x)$의 그래프

02 일대일 대응(또는 전단사 함수)

　주어진 어떤 함수가 1-1 대응이라고 하는 것은 1-1 함수이면서 공역과 치역이 같은 함수를 말하는 것으로 역함수와 밀접하게 연관되어 있다고 할 수 있다.

2.1 일대일함수(injective function, 단사함수)

> ### 1-1 함수(단사함수)의 정의 : 함수 $f:X \rightarrow Y$가 일대일 함수
> 정의역 X에 들어 있는 원소 x_1, x_2에 대하여
> (1) $x_1 \neq x_2$이면, $f(x_1) \neq f(x_2)$인 조건을 만족하는 함수 또는
> (2) $f(x_1) = f(x_2)$이면, $x_1 = x_2$ 조건을 만족하는 함수

예제 12　다음 보기와 같이 정의역(X)과 공역(Y)가 실수의 부분집합일 때, 주어진 각각의 경우에 대하여 일대일함수인 것을 찾으시오.

(1) 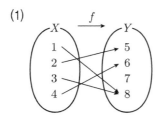　　(2)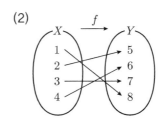

함수의 그래프를 그렸을 때, 수평선을 그어 만나는 점이 1개 이면 1-1 함수가 되지만, 2개 이상의 점이 만나면 1-1 함수가 되지 않는 다는 것이다.

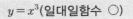

$y=x^2$(일대일함수 ×)	$y=x^3$(일대일함수 ○)
$y=0$일 때를 제외하고 두 점에서 만난다.	어떤 직선에 대해서도 한 점에서 만난다.

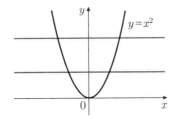
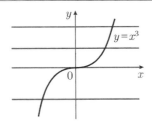

예제 13 수평선판정법을 이용하여 주어진 함수들이 1-1 함수인지 아닌지를 판정하시오.

(1) $y = 2x + 1$ (2) $y = 3x^2$ (3) $y = x^3 - x$

1-1 함수가 아닌 함수를 1-1 함수가 되게 하는 방법은 정의역을 축소하되, 정의역을 1-1 함수가 되는 최대의 범위로 축소하여 정의역을 설정하면 된다.

일반적으로 실수를 R 이라 할 때, 함수 $f : R \to R$, $f(x) = x^2$으로 정의 된 함수에 대하여 알아보도록 하자.

$f(x) = x^2$으로 정의 된 함수는 수평선판정법에 의하여 1-1 함수가 되지 않는다는 것을 알 수 있으므로 1-1 함수로 만들기 위해서는 수평선판정법에 의하여 수평선을 그어 만나는 점이 하나가 되어야만 1-1 함수가 된다는 것을 알 수 있다. 그러므로

$f(x) = x^2$의 그래프에 수평선을 그었을 때 한 점에서만 만나는 점이 생기도록 정의역인 실수 전체의 집합 (R)을 $R^+ \cup \{0\}$ 또는 $R^- \cup \{0\}$로 축소한다면 1-1 함수가 된다는 것을 알 수 있다. (그림 참조)

주어진 함수 $f(x) = x^2$는 1-1 함수가 아니므로

(1) 정의역을 $R^+ \cup \{0\}$로
축소한 경우

(2) 정의역을 $R^- \cup \{0\}$로
축소한 경우

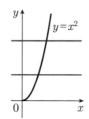

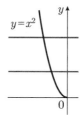

$f : R^+ \cup \{0\} \to R$, $f(x) = x^2$ 또는 $f : R^- \cup \{0\} \to R$, $f(x) = x^2$이면 1-1 함수다.

예제 14 주어진 함수들에 대하여 1-1 함수가 되기 위한 정의역을 각각 구하시오.
(1) $f : R \to R$, $f(x) = (x-1)^2$
(2) $f : R \to R$, $f(x) = 3^x$

2.2 전사함수(surjective function)

전사함수의 정의

함수 $f : X \to Y$가 전사함수라 함은 공역(Y)과 치역 $ran(f)$이 같을 때를 전사함수라고 한다. 즉 $Y = ran(f)$를 말한다.

참고 치역 $ran(f)$ 은 $f:X \to Y$에서 $x \in X$에 대응되는 함숫값들의 집합을 말한다.

즉 치역 $ran(f) = \{f(x)|x \in X\} = \{y|\, y = f(x),\ x \in X\}$

또한 일반적으로 치역 $ran(f) = \{f(x)|x \in X\} \subseteq$ 공역(Y) 이다.

예제 15 집합 $X = \{\ a,\ b,\ c,\ d\ \}$, $Y = \{\ 1,\ 2,\ 3,\ 4\ \}$ 일 때,

다음에 주어진 각각의 경우에 대하여 전사함수인 것을 찾으시오.

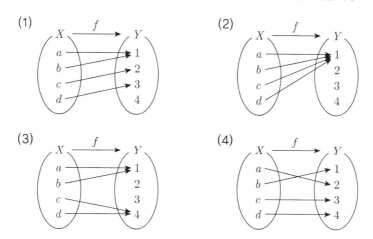

일반적으로 실수를 R이라 할 때, 함수 $f:R \to R$, $f(x) = x^2$으로 정의 된 함수가 전사함수인지를 판정하는 방법은 먼저 치역을 구한 후 공역과 같은지를 비교하는 것이다.

$f(x) = x^2$으로 정의 된 함수의 치역은 다음과 같다.

$$치역\ ran(f) = \{f(x)|x \in R\},\ R은\ 실수$$
$$= \{x^2|x \in R\} \geq 0,\quad [\because (실수)^2 \geq 0]$$
$$= R^+ \cup \{0\}$$

그러므로 함수 $f:R \to R$, $f(x) = x^2$으로 정의 된 함수에서 공역은 실수 전체의 집합(R)이고, 치역 $ran(f) = R^+ \cup \{0\}$이므로 공역 $\neq$ 치역 $ran(f)$가 되어 전사함수가 아니다.

첫째, 공역$(Y) = ran(f)$

둘째, 공역$(Y) \subset ran(f) = \{f(x) | x \in X\}$

셋째, $\forall y \in Y, \ \exists x \in X \ such \ that \ y = f(x)$

Tip 전사함수로 만드는 방법 : 공역을 축소하여 치역과 같게 하면 됨

예제 16 다음 실변수함수의 그래프를 그리고 전사함수인지 판정하시오.

(1) $y = 2x + 1$ (2) $y = -x + 1$

(3) $y = x^2$ (4) $y = -x^2$

(5) $y = x^3$ (6) $y = -x^3$

전사함수가 아닌 함수를 전사함수로 만드는 방법

공역을 축소하여 치역과 같게 만들어야 함.

위의 예에서 살펴본 바와 같이 함수 $f: R \to R$, $f(x) = x^2$으로 정의 된 함수는 전사함수가 아니라는 사실을 알 수 있다.

그러므로 $f: R \to R$, $f(x) = x^2$에서 공역이 실수 전체의 집합(R) 이므로 공역의 범위를 축소하여 치역과 같은 $R^+ \cup \{0\}$로 정의한다면 전사함수가 된다는 것을 알 수 있다.

예제 17 주어진 함수들에 대하여 전사함수가 되기 위한 공역을 각각 구하시오.

(1) $f: R \to R$, $f(x) = (x-1)^2$

(2) $f: R \to R$, $f(x) = x^2 - 4x$

(3) $f: R \to R$, $f(x) = x^2 + 4x - 7$

2.3 일대일대응(전단사함수, bijective function)

참고 1-1 대응(전단사함수) : 전사함수이면서 단사함수

예제 18 집합 X = { a, b, c, d }, Y = { 1, 2, 3, 4 } 일 때,
다음에 주어진 각각의 경우에 대하여 1-1 대응인 것을 찾으시오.

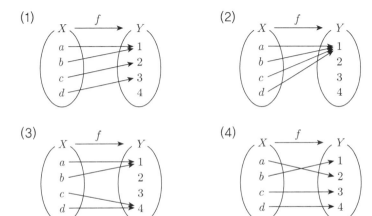

일반적으로 실수를 R 이라 할 때, 함수 $f : R \rightarrow R$, $f(x) = x^2$ 으로 정의 된 함수에 대하여 알아보도록 하자.

첫째, 1-1 함수가 되느냐?

위 예에서 주어진 함수가 1-1 함수가 아님을 확인하였으며, 1-1 함수로 만들기 위하여 정의역을 축소하여 1-1 함수가 되게 하였다. 즉 정의역을 $R^+ \cup \{0\}$ 또는 $R^- \cup \{0\}$ 로 축소하였다.

둘째, 전사함수가 되느냐? (공역= 치역)

위 예에서 주어진 함수가 전사함수가 아님을 확인하였으며, 전사함수로 만들기 위하여 공역을 축소하여 전사함수가 되게 하였다. 즉 공역을 $R^+ \cup \{0\}$ 로 축소하였다.

따라서 일반적으로 $f : R \to R$, $f(x) = x^2$으로 정의 된 함수는 1-1 대응이 되지 않는다.

그러므로 $f : R \to R$, $f(x) = x^2$는 정의역과 공역을 축소하여 1-1 함수와 전사함수가 되게 함으로서 1-1 대응이 되게 만들 수 있다.

즉 $f : R \to R$, $f(x) = x^2$ 에서

정의역 $R \Rightarrow R^+ \cup \{0\}$ 또는 $R^- \cup \{0\}$로 축소

공역 $R \Rightarrow R^+ \cup \{0\}$로 축소하여

$f : R^+ \cup \{0\} \to R^+ \cup \{0\}$, $f(x) = x^2$로 정의된 함수와

$f : R^- \cup \{0\} \to R^+ \cup \{0\}$, $f(x) = x^2$로 정의된 함수는 1-1 대응된다는 것을 알 수 있다.

1-1 대응의 특징

$f : X \to Y$가 1-1 대응이면, $n(X) = n(Y)$ 이다.

참고 $n(X)$: 집합 X의 원소의 개수

예제 19 다음 실변수함수의 그래프를 그리고 전단사함수인지 판정하고, 정의역과 공역의 범위를 구하여 전단사함수가 되도록 구하시오.

(1) $y = 2x + 1$

(2) $y = x^2$

(3) $y = x^3$

(4) $y = \dfrac{1}{x}$ 단, $x \neq 0$

(5) $y = \sin x$

(6) $y = \cos x$

(7) $y = \tan x$

(8) $y = e^x$

(9) $y = \log x$ 단, $x > 0$

공집합이 아닌 실수의 부분집합 X, Y에 대하여

$f : X \to Y$인 1-1 대응이 존재할 때, 함수 f는 대등이라고 한다.

⟨기호⟩　$X \sim Y$ 또는 $X \approx Y$

2.4　무한집합과 유한집합

예제 20　다음 두 집합 X, Y가 대등인지 아닌지 여부를 확인하시오.

(1) $X = \{ 1, 2, 3, 4 \}$, $Y = \{ 2, 4, 6, 8 \}$

(2) $X = \{ 1, 2, 3, 4 \}$, $Y = \{ 6, 8 \}$

(3) $X = [0, 1]$, $Y = [0, 3]$

예제 21　다음 집합이 대등인지 확인하시오.

N(자연수의 집합), $E = \{ 2n \,|\, n \in N \}$, $O = \{ 2n-1 \,|\, n \in N \}$

(1) N 과 E, E과 N

(2) N 과 O, O과 N

집합 A가 무한집합이라는 것은 집합 A의 적당한 진부분집합 B와 A가 대등일 때를 말하며, 무한이 아닌 집합을 유한집합이라고 한다.

참고　독일의 수학자 데데킨트(Dedekind)에 의한 정의

예제 22 　자연수의 집합(N)은 무한집합임을 증명하시오.

　　증명　짝수의 집합 $E = \{\, 2n \,|\, n \in N \}$, N(자연수의 집합)에 대하여

　　　　　첫째, $E \subset N$

　　　　　둘째, $f : E \to N$　$f(n) = \dfrac{1}{2}n$ 전단사함수 존재

　　　　　　　$\therefore\ \ E \sim N$(대등)

　　　　　그러므로 자연수의 집합(N)은 무한집합이다.

예제 23 　집합 $A = \{\, 1,\ 2,\ 3 \}$는 유한집합임을 증명하시오(무한집합이 아님)

예제 24 　개구간 $(-1,1) = \{\, x \in R \,|\, -1 < x < 1 \}$는 무한집합임을 증명하시오.

03 역함수(inverse function)

역함수의 정의

함수 $f : X \to Y$가 1-1 대응이면, 그 역 대응도 하나의 함수가 되는데 이 때 역 대응되는 함수를 역함수라 한다.

〈기호〉 $f^{-1} : Y \to X$

참고 주어진 함수 $f : X \to Y$ 에서는 정의역 X, 공역 Y 이며, 역함수 $f^{-1} : Y \to X$ 에서는 정의역 Y, 공역 X 이기에 정의역과 공역이 바뀌는 함수가 된다는 것을 의미한다.

역함수 구하는 방법   역함수 그래프

(1) 함수 $f : X \to Y$가 1-1 대응인지 확인
(2) 정의역과 공역 확인
(3) $y = x$ 에 대칭(x와 y를 바꾸어 쓰고)

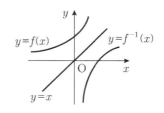

예를 들어 $f : R \to R$, $f(x) = 3x + 2$로 정의된 함수가 주어졌을 때,
(1) 주어진 함수는 1-1 대응
(2) 정의역 R(실수), 공역 R(실수)

(3) $y = x$에 대칭

주어진 함수가 $y = 3x + 2$이며, $y = x$에 대칭하면 $x = 3y + 2$가 되므로 y에 대하여 정리하면 된다.

즉 $y = 3x + 2$ $\Leftrightarrow$ $x = 3y + 2$을 y에 대하여 정리

$\qquad\qquad\quad \Leftrightarrow \quad 3y = x - 2$

$\qquad\qquad\quad \Leftrightarrow \quad y = \dfrac{1}{3}x - \dfrac{2}{3}$ 이다.

따라서 $f(x) = 3x + 2$의 역함수는 $f^{-1}(x) = \dfrac{1}{3}x - \dfrac{2}{3}$이다.

예제 25 실변수 함수가 1–1 대응이 되도록 주어진 함수의 정의역과 치역을 구한 후, 역함수를 구하시오.

(1) $y = 2x + 1$ 　　　　　　　(2) $y = -3x - 1$

(3) $y = x^2$ 　　　　　　　　(4) $y = x^2 - 2x$

(5) $y = x^2 - 2x + 3$

항등함수

$f : X \rightarrow X$에서 $x \in X$에 대하여 $f(x) = x$일 때, 함수 f를 항등함수라 한다.

〈기호〉 I

참고 $f \circ f^{-1} = f^{-1} \circ f = I$

예제 26 두 함수 $f(x) = 3x + 2$, $g(x) = \dfrac{1}{3}x - \dfrac{2}{3}$일 때, 다음 각 물음에 답하시오.

(1) $g \circ f(x)$

(2) $f \circ g(x)$

역함수의 성질

f, g의 역함수가 존재할 때,

(1) $f \circ f^{-1}(x) = x$

(2) $(f^{-1})^{-1} = f$

(3) $(g \circ f)^{-1} = f^{-1} \circ g^{-1}$

예제 27 삼차함수 $f(x) = x^3 + b$의 역함수 f^{-1}가 $f^{-1}(3) = 2$일 때, b의 값을 구하시오.

예제 28 $f(x) = x + 2$, $g(x) = 2x - 1$일 때, 다음 함수를 구하시오.

(1) $f^{-1}(x)$

(2) $g^{-1}(x)$

(3) $(f \circ g)^{-1}(x)$

(4) $(f^{-1} \circ g^{-1})(x)$

(5) $(g^{-1} \circ f^{-1})(x)$

■ CHAPTER 03 **연습문제**

3-1. 두 집합 $X=\{-1, 0, 2\}$, $Y=\{1, 2, 3, 4, 5\}$에 대하여 함수 $f : X \to Y$를 $f(x)=x^2+1$로 정의할 때, 함수 f의 정의역, 공역, 치역을 각각 구하시오.

3-2. 정수 전체의 집합에서 정의된 함수 f에 대하여 $f(1)=\dfrac{1}{3}$이고 $f(a+b)=f(a)+f(b)$일 때, $f(2)+f(4)+f(6)$의 값을 구하시오.

3-3. 실수 전체의 집합에서 정의된 함수 f에 대하여 $f(\dfrac{x+1}{2})=3x+2$를 만족시킬 때, $f(\dfrac{1-2x}{3})$를 구하시오.

3-4. 함수 $f(x)=\dfrac{x}{1+x}$에 대하여 $f^{20}(\dfrac{1}{10})$의 값을 구하시오.
(단, $f^1=f$, $f^{n+1}=f \circ f^n$, n은 자연수이다.)

3-5. 세 함수 $f(x)=x+2$, $g(x)=x^2$, $h(x)=2x$에 대하여 $(f \circ g \circ h)(1)$의 값을 구하시오.

3-6. $f(x)=-|x|$, $g(x)=x^2$일 때, 다음 물음에 답하시오. (단, $-1 \le x \le 1$)
(1) $f \circ f(x)$의 그래프
(2) $g \circ f(x)$의 그래프
(3) $f \circ g(x)$의 그래프
(4) $g \circ g(x)$의 그래프

3-7. 다음 함수를 주어진 범위에서 직선 $y = x$에 대칭 이동한 방정식을 구하시오.

(1) $y = x^2$ $\quad (x \leq 0)$

(2) $y = -x^2$ $\quad (x \leq 0)$

(3) $y = x^2 - 2x - 1$ $\qquad (x \leq 1)$

(4) $y = 2(x-2)(x+1)$ $\quad (x \leq \dfrac{1}{2})$

(5) $y = 3(x+2)^2 + 1$ $\qquad (x \leq -2)$

CHAPTER

4

함수의 종류

1. 다항함수

2. 유리함수와 무리함수

3. 지수함수와 로그함수

4. 삼각함수

5. 쌍곡선함수

01 다항함수

1.1 1차 함수

다항함수의 정의 및 종류

함수 $f(x)$가 x에 대한 다항식으로 표현되는 함수를 말한다.

종류 : 상수함수, 1차 함수, 2차 함수, 3차 함수 등

참고 상수함수 : 실수 c에 대하여, $f(x) = c = c \cdot 1 = cx^0$ 차수가 0차인 다항함수이다.

1차 함수의 특징

형태 : $y = ax$ (기본형)

        $= a(x - p) + q$ (표준형: $y = ax$ 을 $x \to p, y \to q$ 평행이동)

        $= ax + b$ (일반형)

① 기울기 : $a \implies a > 0$ 증가, $a < 0$ 감소

② y 절편 : $y = b$

③ x 절편 : $x = -\dfrac{b}{a}$ $\impliedby$ $ax + b = 0$ (일차방정식의 해)

④ 두 직선 $y = ax + b$와 $y = cx + d$가 평행 $\implies$ $a = c, b \neq d$

⑤ 두 직선 $y = ax + b$와 $y = cx + d$이 수직 $\implies$ $a \times c = -1$

⑥ 직선 $y = ax + b$을 직선 $y = x$에 대칭이동 $\implies$ $x = ay + b$, $y = \dfrac{1}{a}x - \dfrac{b}{a}$

예제 1 2개의 1차 함수 $y = 2x - 1$, $y = -3x + 2$에 대하여 다음 물음에 답하시오.

(1) 1차 함수의 그래프를 각각 그리시오.

(2) $y = 2x - 1$에 평행하고 (2, −2)를 지나는 직선의 방정식을 구하시오.

(3) $y = -3x + 2$에 수직인 직선의 방정식을 구하시오.

(4) 2개의 1차 함수의 교점을 구하시오.

1.2 2차 함수

2차 함수의 특징

형태 : $y = ax^2$ (기본형)

       $= a(x - p)^2 + q$ (표준형 : $y = ax^2$을 $x \to p, y \to q$ 평행이동)

       $= ax^2 + bx + c$ (일반형)

       $= a(x - \alpha)(x - \beta)$ (두 근을 알 때)

(주의) 2차 함수이므로 $a \neq 0$이다.

① $a > 0$: 아래로 볼록한 모양(감소하다가 증가)

      $a < 0$: 위로 볼록한 모양(증가하다가 감소)

② y 절편 : 일반형 $y = ax^2 + bx + c$ 형태에서 $y = c$

③ x 절편 : $x = \alpha$ 또는 $x = \beta$

$$y = ax^2 + bx + c = a(x - \alpha)(x - \beta) = 0$$

④   대칭축 : $x = p$

$$y = ax^2 + bx + c = a(x - p)^2 + q$$

⑤   2차 함수 $y = ax^2 + bx + c$을 직선 $y = x$에 대칭이동 $\Rightarrow$ $x = ay^2 + yx + c$

예제 2 아래에 주어진 2차 함수에 대하여 다음 물음에 답하시오.

$$y = x^2, \quad y = -x^2, \quad y = x^2 - 2x - 1,$$
$$y = 2(x-2)(x+1), \quad y = 3(x+2)^2 + 1$$

(1) 2차 함수의 그래프를 각각 그리시오.

(2) 2차 함수의 그래프의 y 절편을 각각 구하시오.

(3) 2차 함수의 그래프의 x 절편을 각각 구하시오.

(4) 2차 함수의 그래프의 대칭축의 방정식을 각각 구하시오.

예제 3 다음 함수를 주어진 범위에서 직선 $y = x$에 대칭 이동한 방정식을 구하시오.

(1) $y = x^2 \quad (x \geq 0)$

(2) $y = -x^2 \quad (x \geq 0)$

(3) $y = x^2 - 2x - 1 \qquad (x \geq 1)$

(4) $y = 2(x-2)(x+1) \qquad \left(x \geq \dfrac{1}{2}\right)$

(5) $y = 3(x+2)^2 + 1 \qquad (x \geq -2)$

2차 함수 구하는 방법

첫째, 세 점이 주어진 경우 : $y = ax^2 + bx + c$ 을 이용

둘째, 한 점과 x 절편이 주어진 경우 : $y = a(x-\alpha)(x-\beta)$을 이용

셋째, 한 점과 대칭축이 주어진 경우 : $y = a(x-p)^2 + q$

예제 4 다음 물음에 답하시오.

(1) $(0,9), (3,0), (-3,0)$을 지나는 포물선의 방정식을 구하시오.

(2) 한 점 $(1,2)$를 지나고 x 절편이 $2, -2$인 포물선의 방정식을 구하시오.

(3) 한 점 $(1,2)$를 지나고 대칭축이 3인 포물선의 방정식을 구하시오.

02 유리함수와 무리함수

분수함수와 유리함수의 정의

x에 두 다항식 $f(x)$, $g(x)$에 대하여, $\dfrac{f(x)}{g(x)}$ $(g(x) \neq 0)$ 형태의 함수를 분수함수라고 하며, 다항함수와 분수함수를 통틀어서 유리함수라고 한다.

분수함수의 특징

형태 : $y = \dfrac{k}{ax}$ (기본형)

$\quad = \dfrac{k}{a(x-p)} + q$ (표준형 : $y = \dfrac{k}{ax}$ 을 $x \to p$, $y \to q$ 평행이동)

$\quad = \dfrac{cx+d}{ax+b}$ (일반형)

① 점 (p, q)에 대하여 대칭인 직각 쌍곡선이다. $\Leftarrow$ 대칭의 중심 (p, q)

    일반형을 $y = \dfrac{cx+d}{ax+b}$ 표준형으로 변형 후 $y = \dfrac{k}{a(x-p)} + q$

② 점근선은 $x = p$, $y = q$ 이다.

③ 정의역 : $R - \{p\}$, 공역 : $R - \{q\}$ 이다. (여기에서 R 은 실수의 집합)

예제 5 아래에 주어진 분수 함수에 대하여 다음 물음에 답하시오.

$$y = \frac{1}{x}, \quad y = -\frac{1}{x}, \quad y = \frac{x-1}{x+1}, \quad y = \frac{x-1}{2x+1}, \quad y = \frac{2x-1}{x+1}$$

(1) 대칭의 중심을 각각 구하시오.

(2) 점근선을 각각 구하시오.

(3) 정의역과 공역을 각각 구하시오.

(4) 분수함수의 그래프를 각각 그리시오.

예제 6 다음 함수를 주어진 범위에서 직선 $y = x$에 대칭 이동한 방정식을 구하시오.

(1) $y = \frac{1}{x}$ $(x \neq 0)$

(2) $y = -\frac{1}{x}$ $(x \neq 0)$

(3) $y = \frac{x-1}{x+1}$ $(x \neq -1)$

무리함수의 정의

x에 대한 다항식 $f(x)$에 대하여, $\sqrt{f(x)}$ 형태의 함수를 무리함수라고 한다. 대부분 모든 범위를 실수로 제한하였기에 정의역이 별도로 정해지지 않은 경우, 정의역은 근호 안의 다항식 $f(x) \geq 0$으로 정의한다.

무리함수의 특징

형태 : $y = a\sqrt{bx}$ (기본형)

       $= a\sqrt{b(x-p)} + q$ (표준형 : $y = a\sqrt{bx}$ 을 $x \to p,\, y \to q$ 평행이동)

       $= a\sqrt{bx + c} + d$ (일반형)

참고   정의역 : $x \geq -\dfrac{b}{a}$, 치역 : $y \geq c$

일반형을 $y = \sqrt{ax+b} + c$ 에서 정의역은 $ax + b \geq 0$ 이며,

치역은 $y - c = \sqrt{ax+b} \geq 0$ 에서 $y - c \geq 0$ 이다.

예제 7   아래에 주어진 무리 함수에 대하여 다음 물음에 답하시오.

$$y = \sqrt{x},\ y = -\sqrt{x},\ y = \sqrt{-x},\ y = -\sqrt{-x},$$

$$y = 2\sqrt{x},\ y = 2\sqrt{(x-1)} + 1,\ y = 3\sqrt{2x-4} + 3$$

(1) 정의역과 치역을 각각 구하시오.

(2) 무리함수의 그래프를 각각 그리시오.

예제 8   다음 함수를 주어진 범위에서 직선 $y = x$ 에 대칭 이동한 방정식을 구하시오.

(1) $y = \sqrt{x}$ $(x \geq 0)$

(2) $y = -\sqrt{x}$ $(x \geq 0)$

(3) $y = \sqrt{-x}$ $(x \geq 0)$

(4) $y = -\sqrt{-x}$ $(x \geq 0)$

03 지수함수와 로그함수

임의의 실수 a 에 대하여 $y = a^x$ 의 꼴로 표시되는 함수를 a 를 밑수로 하는 지수함수라고 한다. 단, $a > 0, a \neq 1$

(1) $y = a^x$ $\qquad (a > 0, a \neq 1)$

(2) $y = a^{f(x)}$ $\qquad (a > 0, a \neq 1)$

(3) $y = g(x)^{f(x)}$ $\qquad (g(x) > 0, g(x) \neq 1)$

형태 : $y = a^x$ $\qquad$ (기본형)

$\qquad = a^{x-p} + q$ $\qquad$ (표준형 : $y = a^x$ 을 $x \to p$, $y \to q$ 평행이동)

$\qquad = a^{bx+c} + d$ $\qquad$ (일반형)

(1) $a > 1$ 이면 증가, $0 < a < 1$ 이면 감소

(2) 정의역 : 실수(R) 전체, 공역 : 양의 실수(R^+)

(3) x 축이 점근선이다.

예제 9 아래에 주어진 지수함수에 대하여 다음 물음에 답하시오.

$$y = 3^x, \quad y = 3^{-x}, \quad y = 2^{x-1} + 1, \quad y = 2^{-x+1} + 2$$

(1) 정의역과 치역을 각각 구하시오.

(2) 지수함수의 그래프를 각각 그리시오.

(3) 직선 $y = x$에 대칭 이동한 방정식을 구하시오.

예제 10 아래에 주어진 지수함수에 대하여 다음 물음에 답하시오.

$$y = 2^x + 2^{-x}, \quad y = 2^x - 2^{-x}, \quad y = \frac{2^x - 2^{-x}}{2^x + 2^{-x}}$$

(1) 정의역과 치역을 각각 구하시오.

(2) 지수함수의 그래프를 각각 그리시오.

로그함수의 정의

임의의 실수 a $(a > 0, a \neq 1)$에 대하여 $y = \log_a x$의 꼴로 표시되는 함수를 a를 밑수, x를 진수$(x > 0)$로 하는 로그함수라 한다.

(1) 상용로그 $y = \log_{10} x = \log x$

(2) 자연로그 $y = \log_e x = \ln x$

단, $e = \lim_{n \to \infty} (1 + \frac{1}{n})^n = \lim_{n \to 0} (1 + n)^{\frac{1}{n}}$

로그함수의 형태($y = \log_a x$를 기준으로)

형태 : $y = \log_a x$ (기본형)

$\quad\quad\quad = \log_a(x-p)+q$ (표준형 : $y = \log_a x$을 $x \to p, y \to q$ 평행이동)

$\quad\quad\quad = \log_a(ax+b)+c$ (일반형)

(1) $a > 1$이면 증가, $0 < a < 1$이면 감소

(2) 정의역 : 양의 실수(R^+), 공역 : 실수(R) 전체

(3) y축이 점근선이다.

예제 11   아래에 주어진 로그함수에 대하여 다음 물음에 답하시오.

$$y = \log_3 x, \quad y = \log_3(-x),$$
$$y = \log_3(x-2)+1, \quad y = \log_3(-x-2)+2$$

(1) 정의역과 치역을 각각 구하시오.

(2) 로그함수의 그래프를 각각 그리시오.

(3) 다음 함수를 주어진 범위에서 직선 $y = x$에 대칭 이동한 방정식을 구하시오.

     ① $y = \log_3 x$ $(x > 0)$

     ② $y = \log_3(-x)$ $(x < 0)$

     ③ $y = \log_3(x-2)+1$ $(x > 2)$

     ④ $y = \log_3(-x-2)+2$ $(x \leftarrow 2)$

04 삼각함수

삼각함수의 정의

좌표평면 위에서 x축의 양의 부분을 시초선으로 하고,
일반각 $\theta(rad)$가 나타내는 동경과 원점을 중심으로 하며
반지름의 길이가 r인 원과의 교점을 $P(x, y)$라 하면

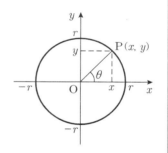

$$\sin\theta = \frac{y}{r}, \ \cos\theta = \frac{x}{r}, \ \tan\theta = \frac{y}{x},$$

$$\csc\theta = \frac{r}{y}, \ \sec\theta = \frac{r}{x}, \ \cot\theta = \frac{x}{y}$$

삼각함수의 정의 (직각삼각형이 주어진 경우)

삼각형의 세 각(angle)을 A, B, C, 세 변(side)을 각각
a, b, c이며, $\angle BAC = \theta$라 하면

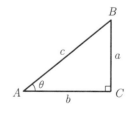

$$\sin\theta = \frac{a}{c}, \ \cos\theta = \frac{b}{c}, \ \tan\theta = \frac{a}{b},$$

$$\csc\theta = \frac{c}{a}, \ \sec\theta = \frac{c}{b}, \ \cot\theta = \frac{b}{a}$$

첫째, $\tan\theta = \dfrac{a}{b} = \dfrac{\dfrac{a}{c}}{\dfrac{b}{c}} = \dfrac{\sin\theta}{\cos\theta}$ $\Leftarrow$ $\cos\theta$와 $\sin\theta$를 알면

둘째, $\csc\theta = \dfrac{c}{a} = \dfrac{1}{\dfrac{a}{c}} = \dfrac{1}{\sin\theta}$ $\Leftarrow$ $\sin\theta$의 역수

$\sec\theta = \dfrac{c}{b} = \dfrac{1}{\dfrac{b}{c}} = \dfrac{1}{\cos\theta}$ $\Leftarrow$ $\cos\theta$의 역수

$\cot\theta = \dfrac{b}{a} = \dfrac{1}{\dfrac{a}{b}} = \dfrac{1}{\tan\theta}$ $\Leftarrow$ $\tan\theta$의 역수

셋째, $\tan\theta = \dfrac{\sin\theta}{\cos\theta}$ $\Longleftrightarrow$ $\cot\theta = \dfrac{\cos\theta}{\sin\theta}$

예제 12   다음 삼각함수표의 값을 구하시오.

x	$0°$	$30°$	$45°$	$60°$	$90°$	$120°$	$150°$	$180°$
rad								
$\sin x$								
$\cos x$								
$\tan x$								

$\sin^2 x + \cos^2 x = 1$

$1 + \tan^2 x = \sec^2 x$

$1 + \cot^2 x = \csc^2 x$

〈제곱의 의미〉

$(\sin x)(\sin x) = (\sin x)^2 = \sin^2 x$

다음 삼각함수표의 값을 구하시오.

x	$0°$	$30°$	$45°$	$60°$	$90°$	$120°$	$150°$	$180°$
$\sin^2 x$								
$\cos^2 x$								
$\tan^2 x$								
$\csc^2 x$								
$\sec^2 x$								
$\cot^2 x$								

삼각함수의 덧셈공식

$$\sin(x+y) = \sin x \cos y + \cos x \sin y \, , \quad \sin(x-y) = \sin x \cos y - \cos x \sin y$$

$$\cos(x+y) = \cos x \cos y - \sin x \sin y \, , \quad \cos(x-y) = \cos x \cos y + \sin x \sin y$$

$$\tan(x+y) = \frac{\sin(x+y)}{\cos(x+y)} = \frac{\sin x \cos y + \cos x \sin y}{\cos x \cos y - \sin x \sin y}$$

예제 14   다음 값을 구하시오.

(1) $\sin 75°$

(2) $\sin 105°$

(3) $\cos^2 75°$

(4) $\cot^2 105°$

주기함수의 정의

"함수 $f(x)$가 주기함수"라는 것은

상수함수가 아닌 함수 $f(x)$의 정의역에 속하는 모든 x에 대하여,

$f(x+p) = f(x)$를 만족하는 "0"이 아닌 상수 p가 존재할 때를 말하며,

최소의 양수 p를 함수의 주기라고 한다.

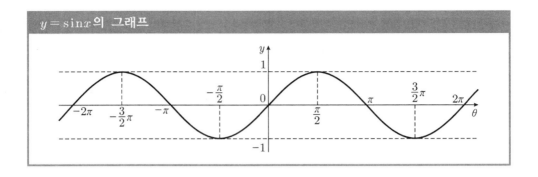

$y = \sin x$의 그래프

$y = \sin x$의 특징

(1) 원점을 지나고, 원점에 대하여 대칭

(2) x축과 $x = n\pi$(단, n은 정수)에서 만난다.

(3) 주기는 2π 이다. $(f(x + 2\pi) = f(x))$

(4) 정의역은 실수, 치역은 $[-1, 1]$ 이다.

예제 15 아래에 주어진 삼각함수에 대하여 다음 물음에 답하시오.

$$y = \sin x, \ y = 2\sin x, \ y = \sin(2x),$$

$$y = 2\sin(2x), \ y = 2\sin(2x) + 2$$

(1) 치역과 주기를 각각 구하시오.

(2) 삼각함수의 그래프를 각각 그리시오.

(3) 삼각함수의 주기 및 최대, 최솟값을 각각 구하시오.

예제 16 $y = \sin x$가 1-1대응이 되도록 정의역과 치역을 구하고, $y = \sin x$의 역함수를 구하시오.

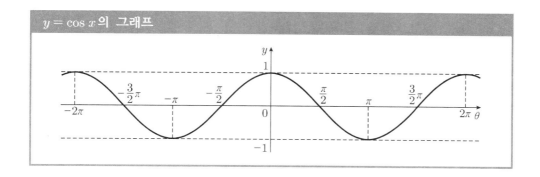

$y = \cos x$의 특징

(1) y축에 대하여 대칭

(2) x축과 $x = \dfrac{2n+1}{2}\pi$(단, n은 정수)에서 만난다.

(3) 주기는 2π 이다. $(f(x+2\pi) = f(x))$

(4) 정의역은 실수, 치역은 $[-1, 1]$ 이다.

예제 17 아래에 주어진 삼각함수에 대하여 다음 물음에 답하시오.

$$y = \cos x, \ y = 2\cos x, \ y = \cos(2x),$$
$$y = 2\cos(2x), \ y = 2\cos(2x) + 2$$

(1) 치역과 주기를 각각 구하시오.

(2) 삼각함수의 그래프를 각각 그리시오.

예제 18 $y = \cos x$가 1–1대응이 되도록 정의역과 치역을 구하고, $y = \cos x$의 역함수를 구하시오.

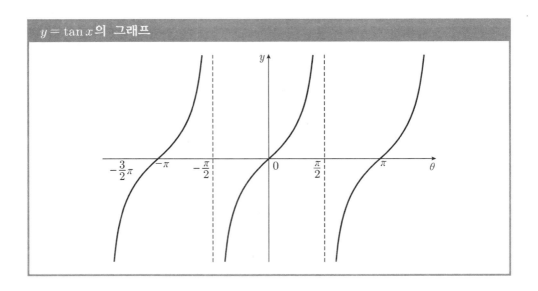

$y = \tan x$의 그래프

$y = \tan x$의 특징

(1) 원점을 지나고, 원점에 대하여 대칭

(2) x축과 $x = n\pi$(단, n은 정수)에서 만난다.

(3) 주기는 π 이다. $(f(x + \pi) = f(x))$

(4) 정의역은 $x \neq \dfrac{2n+1}{2}\pi$인 모든 실수, 치역은 실수 이다.

예제 19 아래에 주어진 삼각함수에 대하여 다음 물음에 답하시오.

$$y = \tan x, \quad y = \tan(2x), \quad y = \tan(3x)$$

(1) 정의역과 치역, 그리고 주기를 각각 구하시오.

(2) 삼각함수의 그래프를 각각 그리시오.

예제 20 $y = \tan x$가 1-1대응이 되도록 정의역과 치역을 구하고, $y = \tan x$의 역함수를 구하시오.

05 쌍곡선함수(hyperbolic function)

쌍곡선함수의 정의

hyperbolic sine, $\sinh x = \dfrac{e^x - e^{-x}}{2}$

hyperbolic cosine $\cosh x = \dfrac{e^x + e^{-x}}{2}$

hyperbolic tangent $\tanh x = \dfrac{e^x - e^{-x}}{e^x + e^{-x}}$

참고 $\operatorname{csch} x = \dfrac{1}{\sinh x}$, $\operatorname{sech} x = \dfrac{1}{\cosh x}$, $\coth x = \dfrac{1}{\tanh x}$

예제 21 다음 함수의 그래프를 그리시오.

(1) $y = e^x$

(2) $y = e^{-x}$

(3) $y = e^x + e^{-x}$

(4) $y = e^x - e^{-x}$

예제 22   다음 함수의 그래프를 그리시오.

(1) $y = \sinh x$

(2) $y = \cosh x$

(3) $y = \tanh x$

삼각함수의 곱셈공식과 비교

$$\sin^2 x + \cos^2 x = 1 \qquad\qquad \cosh^2 x - \sinh^2 x = 1$$

$$1 + \tan^2 x = \sec^2 x \qquad\qquad 1 - \tanh^2 x = \operatorname{sech}^2 x$$

$$1 + \cot^2 x = \csc^2 x \qquad\qquad \coth^2 x - 1 = \operatorname{csch}^2 x$$

예제 23   다음을 증명하시오.

(1) $\cosh^2 x - \sinh^2 x = 1$

(2) $1 - \tanh^2 x = \operatorname{sech}^2 x$

(3) $\coth^2 x - 1 = \operatorname{csch}^2 x$

삼각함수의 덧셈공식과 비교

$$\sin(x+y) = \sin x \cos y + \cos x \sin y \qquad \sinh(x+y) = \sinh x \cosh y + \cosh x \sinh y$$

$$\cos(x+y) = \cos x \cos y - \sin x \sin y \qquad \cosh(x+y) = \cosh x \cosh y + \sinh x \sinh y$$

$$\tan(x+y) = \frac{\tan x + \tan y}{1 - \tan x \tan y} \qquad\qquad \tanh(x+y) = \frac{\tanh x + \tanh y}{1 + \tanh x \tanh y}$$

예제 24 다음을 증명하시오.

(1) $\sinh(x+y) = \sinh x \cosh y + \cosh x \sinh y$

(2) $\cosh(x+y) = \cosh x \cosh y + \sinh x \sinh y$

(3) $\tanh(x+y) = \dfrac{\tanh x + \tanh y}{1 + \tanh x \tanh y}$

삼각함수의 2배각공식과 비교

$$\sin(2x) = 2\sin x \cos x \qquad\qquad \sinh(2x) = 2\sinh x \cosh x$$

$$\cos(2x) = \cos^2 x - \sin^2 x \qquad\qquad \cosh(2x) = \cosh^2 x + \sinh^2 x$$

$$= 2\cos^2 x - 1 \qquad\qquad\qquad = 2\cosh^2 x - 1$$

$$= 1 - 2\sin^2 x \qquad\qquad\qquad = 2\sinh^2 x - 1$$

$$\tan(2x) = \frac{2\tan x}{1 - \tan^2 x} \qquad\qquad \tanh(2x) = \frac{2\tanh x}{1 + \tanh^2 x}$$

예제 25 다음을 증명하시오.

(1) $\sinh(2x) = 2\sinh x \cosh x$

(2) $\cosh(2x) = \cosh^2 x + \sinh^2 x$

$$= 2\cosh^2 x - 1$$

$$= 2\sinh^2 x - 1$$

(3) $\tanh(2x) = \dfrac{2\tanh x}{1 + \tanh^2 x}$

삼각함수의 역함수와 비교

$y = \sin x$의 역함수 $y = \sin^{-1} x$ (arcsine x)

$y = \cos x$의 역함수 $y = \cos^{-1} x$ (arccosine x)

$y = \tan x$의 역함수 $y = \tan^{-1} x$ (arctangent x)

예제 26 $y = \sinh x = \dfrac{e^x - e^{-x}}{2}$ 역함수와 역함수의 그래프를 구하시오.

풀이 역함수를 구하는 방법은 다음과 같다.

첫째, 주어진 함수 $y = \dfrac{e^x - e^{-x}}{2}$ 를 x에 대한 내림차순으로 정리

$y = \dfrac{e^x - e^{-x}}{2}$ 에서

$2y = e^x - e^{-x} = e^x - \dfrac{1}{e^x} = \dfrac{(e^x)^2 - 1}{e^x}$ 이므로

양변에 e^x을 곱하면 $2ye^x = (e^x)^2 - 1$이며, x에 대한 내림차순으로 정리하면 $(e^x)^2 - 2ye^x - 1 = 0$이다.

둘째, x와 y의 문자를 바꾼다. (역함수는 $y = x$에 대칭)

$(e^y)^2 - 2xe^y - 1 = 0$이며, 주어진 식은 y의 2차식 이므로 근의 공식을 이용한다.

$e^y = x \pm \sqrt{x^2 - 1}$ 이고, $e^y > 0$이므로

$e^y = x + \sqrt{x^2 - 1}$ 이 된다.

따라서 양변에 자연로그 $\log_e$를 취하면,

$y = \log_e(x + \sqrt{x^2 - 1})$이 되며,

이 함수는 $y = \dfrac{e^x - e^{-x}}{2}$의 역함수가 된다.

즉 $y = \sinh x = \dfrac{e^x - e^{-x}}{2}$의 역함수는

$y = \sinh^{-1} x = \log_e(x + \sqrt{x^2 - 1})$이다.

셋째, $y = \sinh^{-1} x = \log_e (x + \sqrt{x^2 - 1})$의 그래프

$y = \sinh x = \dfrac{e^x - e^{-x}}{2}$를 그린 후, $y = x$에 대칭하여

다음과 같이 그리면 된다.

예제 27 다음 함수의 역함수와 역함수의 그래프를 구하시오.

(1) $\cosh x = \dfrac{e^x + e^{-x}}{2}$ (단, $x > 0$)

(2) $\tanh x = \dfrac{e^x - e^{-x}}{e^x + e^{-x}}$

극 한

1. 수열의 극한
2. 함수의 극한

01 수열의 극한

1.1 수열의 정의

수열(sequence)의 정의

어떤 일정한 규칙에 따라 차례로 얻어지는 수들을 순서적으로 나열한 것.

또는

자연수의 집합 N(정의역)에서 실수의 집합 R(공역)으로 대응되는 함수 $f : N \rightarrow R$에 대하여 그 함수값을 차례대로 나열한 것을 의미함.

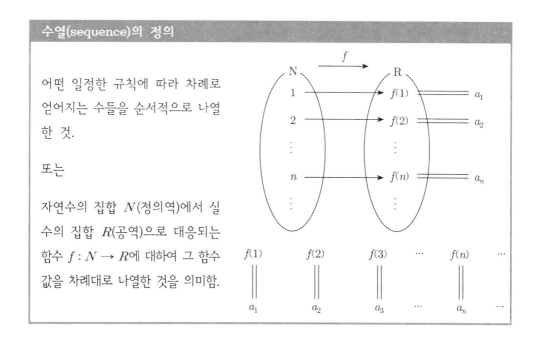

이 때 수열의 각 수를 항이라 하고, 처음부터 차례로 첫 번째 항(제1항), 두 번째 항(제2항), 세 번째 항(제3항), $\cdots$, n 번째 항(제n항), $\cdots$ 이라하며, 제n항을 일반항이라 하며, 일반적으로 수열은 일반항 a_n을 이용하여 $\{a_n\}$과 같이 간단하게 나타낼 수 있다.

다음 함수로 정의된 수열의 첫째항 및 제5항을 구하시오.

(1) $f(n) = 2n + 1$ (2) $f(n) = 3 \cdot 2^{n-1}$

등차수열

차이가 같은 수를 차례대로 나열한 것을 등차수열이라고 하며, 더해주는 일정한 수를 공차라 하고, d로 쓰며, 제n번 째항을 일반항이라고 하며, a_n으로 쓴다.

등차수열의 일반항을 구하는 방법은 다음과 같다.

첫째항 $a_1 = a$

둘째항 $a_2 = a_1 + d = a + d$

셋째항 $a_3 = a_2 + d = a + 2d$

$\vdots$

n번째항 $a_n = a_{n-1} + d = a + (n-1)d$

예제 2 다음 수열의 일반항 a_n을 구하시오.

(1) $1, 4, 7, 10, \cdots$

(2) $-1, 3, 7, 11, \cdots$

등차수열과 관련된 점화식

$2a_{n+1} = a_n + a_{n+2}$ (등차중항) 또는 $a_{n+1} - a_n = k$ (k : 상수)

예제 3 다음 점화식의 일반항 a_n과 제 n항까지의 합을 구하시오. 단, $a_1 = 2$

(1) $2a_{n+1} = a_n + a_{n+2}$, 단, $a_1 = 2$

(2) $a_{n+1} - a_n = 3$, 단, $a_1 = 5$

등비수열

곱해주는 수를 차례대로 나열한 것을 등비수열이라고 하며, 곱해주는 일정한 수를 공비라 하고, r로 쓴다.

$$첫째항 \quad a_1 = a$$
$$둘째항 \quad a_2 = a_1 r = ar$$
$$셋째항 \quad a_3 = a_2 r = (ar)r = ar^2$$
$$\vdots$$
$$n번째항 \quad a_n = a_{n-1} r = ar^{n-1}$$

예제 3   다음 수열의 일반항 a_n을 구하시오.

    (1) $1, 4, 16, 64, \cdots$

    (2) $2, \dfrac{1}{2}, \dfrac{1}{8}, \dfrac{1}{32}, \cdots$

등비수열과 관련된 점화식

$$a_{n+1}^2 = a_n a_{n+1} \text{ (등비중항) } 또는 \quad a_{n+1} = ka_n \quad (k : 상수)$$

예제 5   다음 점화식의 일반항 a_n과 제 n항까지의 합을 구하시오.

    (1) $a_{n+1}^2 = a_n a_{n+1}$, 단, $a_1 = 2$

    (2) $a_{n+1} = (\dfrac{1}{3})a_n$, 단, $a_1 = 3$

수열의 각 항의 역수가 등차수열을 이룰 때, 주어진 수열을 조화수열이라고 한다.

$$\text{첫째항} \quad a_1 = \frac{1}{a}$$

$$\text{둘째항} \quad a_2 = \frac{1}{a_1 + d} = \frac{1}{a + d}$$

$$\text{셋째항} \quad a_3 = \frac{1}{a_2 + d} = \frac{1}{a + 2d}$$

$$\vdots$$

$$n\text{번째항} \quad a_n = \frac{1}{a_{n-1} + d} = \frac{1}{a + (n-1)d}$$

예제 4 다음에 주어진 수열의 일반항 a_n을 구하시오.

(1) $1, \dfrac{1}{2}, \dfrac{1}{4}, \dfrac{1}{8}, \cdots$

(2) $1, \dfrac{1}{2}, \dfrac{1}{3}, \dfrac{1}{4}, \cdots$

조화수열과 관련된 점화식

$$\frac{2}{a_{n+1}} = \frac{1}{a_n} + \frac{1}{a_{n+2}} \quad (\text{조화중항}) \quad \text{또는} \quad \frac{1}{a_{n+1}} - \frac{1}{a_n} = k \quad (k : \text{상수})$$

예제 6 다음 점화식의 일반항 a_n과 제 n항까지의 합을 구하시오.

(1) $a_{n+2}a_{n+1} - 2a_{n+2}a_n + a_{n+1}a_n = 0$, 단, $a_1 = 1$, $a_2 = 5$

(2) $\dfrac{1}{a_{n+1}} - \dfrac{1}{a_n} = 3$, 단, $a_1 = 2$

1.2 시그마($\sum$, Sigma)

시그마($\sum$)는 수열의 각 항을 "+"로 연결한 수학적인 기호

[표현] $\displaystyle\sum_{\text{항의 시작}}^{\text{항의 끝 번호}}$ 단, 항의 시작은 특별한 경우를 제외하고 항상 양수이다.

[예제] $\displaystyle\sum_{k=3}^{6} f(k)$의 의미는 $k=3$에서 시작하여 $k=6$까지의 합을 구하라는 문제이

므로 $\displaystyle\sum_{k=3}^{6} f(k) = f(3) + f(4) + f(5) + f(6)$을 의미한다.

(1) $\displaystyle\sum_{k=1}^{n} (a_k \pm b_k) = \sum_{k=1}^{n} a_k \pm \sum_{k=1}^{n} b_k$ (분배법칙)

(2) $\displaystyle\sum_{k=1}^{n} ca_k = c \sum_{k=1}^{n} a_k$

(3) $\displaystyle\sum_{k=1}^{n} c = \sum_{k=1}^{n} (c + 0a_k) = (c + 0a_1) + (c + 0a_2) + \cdots + (c + 0a_n)$

(4) $\displaystyle\sum_{k=a}^{b} c = c(b - a + 1)$

(5) $\displaystyle\sum_{k=1}^{n} a_k = \sum_{k=3}^{n+2} a_{k-2}$

예제 7 다음 값을 구하시오.

(1) $\displaystyle\sum_{k=1}^{7} 5$　　　　(2) $\displaystyle\sum_{k=3}^{9} 5$　　　　(3) $\displaystyle\sum_{k=4}^{10} 5$

(4) $\displaystyle\sum_{k=3}^{6} (k^2 + 5k)$　　(5) $\displaystyle\sum_{k=1}^{7} 3 \cdot 2^{k-1}$

예제 8 주어진 수열을 첫째항부터 n항 까지 합을 시그마($\sum$)기호를 이용하여 간단하게 표현하시오.

(1) $1, 3, 5, 7, \cdots$

(2) $1 \cdot 2, \ 3 \cdot 4, \ 5 \cdot 6, \ \cdots$

예제 9 시그마($\sum$)와 관련된 다음 공식을 증명하시오.

(1) $1 + 2 + 3 + \cdots\cdots + n = \displaystyle\sum_{k=1}^{n} k = \dfrac{n(n+1)}{2}$

　　단, $(n+1)^2 - n^2 = 2n + 1$ 이용

(2) $1^2 + 2^2 + 3^2 + \cdots\cdots + n^2 = \displaystyle\sum_{k=1}^{n} k^2 = \dfrac{n(n+1)(2n+1)}{6}$

　　단, $(n+1)^3 - n^3 = 3n^2 + 3n + 1$ 이용

(3) $1^3 + 2^3 + 3^3 + \cdots\cdots + n^3 = \displaystyle\sum_{k=1}^{n} k^3 = \left\{ \dfrac{n(n+1)}{2} \right\}^2$

　　단, $(n+1)^4 - n^4 = 4n^3 + 6n^2 + 4n + 1$ 이용

예제 10 다음 값을 구하시오.

(1) $\displaystyle\sum_{k=1}^{7} (k-4)$　　　　　　(2) $\displaystyle\sum_{k=1}^{5} (k^2 - 2k)$

(3) $\displaystyle\sum_{k=2}^{5} (2k^3 - 7)$　　　　　(4) $\displaystyle\sum_{k=3}^{5} (5k^2 - 2k + 3)$

어떤 명제가 모든 자연수에 대해 성립한다는 것을 증명하기 위하여 사용되는 방법으로 무한개의 명제를 함께 증명하기 위해, 먼저 '첫 번째 명제가 참임을 증명하고, 그 다음에는 '명제들 중에서 어떤 하나가 참이면 언제나 그 다음 명제도 참임을 증명'하는 방법을 말한다.

참고 모든 자연수 n에 대하여 어떤 명제 $p(n)$이 참임을 증명하는 방법은 다음과 같다.

첫째, $p(1)$이 참임을 증명

둘째, $p(k)$일 때 참이라고 가정하여 $p(k+1)$일 때 참임을 증명

예제 11 다음 식을 수학적 귀납법으로 증명하시오. (단, n은 자연수)

(1) $10^n - 1$은 3의 배수이다.

(2) $1 + 2 + 3 + \cdots\cdots + n = \dfrac{n(n+1)}{2}$

(3) $1^2 + 2^2 + 3^2 + \cdots\cdots + n^2 = \dfrac{n(n+1)(2n+1)}{6}$

어떤 수열의 항과 그 바로 앞의 항의 차를 계차(difference)라 하며, 이 계차들로 이루어진 수열을 그 수열의 계차수열이라고 한다.

〈계차수열의 일반항〉

$$\{a_n\} : a_1, \ a_2, \ a_3, \ a_4, \ \cdots, \ a_{n-1}, \ a_n, \ \cdots$$

$$\{b_n\} : \quad b_1, \ b_2, \ b_3, \ \cdots, \quad b_{n-1}, \ \cdots$$

$$a_n = a_1 + \sum_{k=1}^{n-1} b_k$$

참고 계차수열이 등차수열인 경우와 등비수열인 경우로 나누어 생각

예제 12 다음 수열의 일반항 a_n을 구하시오.

    (1) $1, 3, 7, 13, \cdots\cdots$

    (2) $1, 3, 7, 15, \cdots\cdots$

계차수열과 관련된 점화식

(1) $a_{n+1} = a_n + f(n)$의 형태

(2) $a_{n+1} = pa_n + q$의 형태

(3) $la_{n+2} + ma_{n+1} + na_n = 0$의 형태 (단, $l + m + n = 0$)

예제 13 다음 점화식의 일반항 a_n과 제 n항까지의 합을 구하시오.

    (1) $a_{n+1} = a_n + 2n + 1,$ 단, $a_1 = 2$

    (2) $a_{n+1} = 3a_n + 2,$ 단, $a_1 = 1$

    (3) $3a_{n+2} - 2a_{n+1} - a_n = 0,$ 단, $a_1 = 1, a_2 = 5$

1.3 무한수열의 극한

무한대(無限大, infinity)의 개념

어떠한 실수나 자연수보다 큰 수. 또는 무한히 커져 가는 상태 등을 나타내는 대수학용어

〈기호〉 ∞

참고 양(+) 또는 음(−)의 값을 가지는 변수 x에 대해 x의 역수가 0에 한없이 가까워질 때, x는 양 또는 음의 무한대로 발산한다고 한다.

〈기호〉 'x→+∞' 또는 'x→−∞'로 표시

예제 14 다음 수열의 극한값을 구하시오.

(1) $\displaystyle\lim_{n \to \infty} n$　　　　(2) $\displaystyle\lim_{n \to \infty} (-n)$　　　　(3) $\displaystyle\lim_{n \to \infty} n^2$

무한대(∞)의 사칙연산에 대한 닫힘성

(1) $\infty + \infty = \infty$

(2) $\infty \cdot \infty = \infty$

(3) $\infty - \infty$

(4) $\infty \div \infty = \dfrac{\infty}{\infty}$

참고 "+"과 "×"에 닫혀있음.

무한수열의 수렴과 발산에 대한 기본 개념

무한수열 $a_1, a_2, a_3, \cdots\cdots, a_n, \cdots$ 을 기호 $\{a_n\}$이라고 나타내며, n 이 한없이 커질 때, a_n 이 일정한 값 α에 한없이 가까워지면 a_n 은 α에 수렴한다고 한다.

이 때, α를 a_n의 극한 또는 극한값이라 한다.

〈기호〉　(1) $n \to \infty$ 일 때, $a_n \to \alpha$ 또는 (2) $\displaystyle\lim_{n \to \infty} a_n = \alpha$

참고 수렴하지 않는 경우, 발산한다고 한다.

　　　위에서 언급한 수렴과 발산에 관한 내용을 정리하면 다음과 같다.

　　　(1) 수렴 : $\displaystyle\lim_{n\to\infty} a_n = \alpha$　(α는 일정한 값)

　　　(2) 발산 : $\begin{cases} \displaystyle\lim_{n\to\infty} a_n = \pm\infty \\ 진동 \end{cases}$

예제 15 다음 수열의 극한값을 구하시오.

(1) $\lim\limits_{n \to \infty} (-1)^n$

(2) $\lim\limits_{n \to \infty} \dfrac{1}{n}$

무한수열의 극한의 형태

첫째, $\dfrac{c}{\infty}$형태 : "0"으로 수렴한다.

둘째, $\dfrac{\infty}{\infty}$ 형태 : 분모의 최고차항으로 분모 분자를 나눈다.

 또는 동차인 경우 최고차항의 계수만 비교하여 계산한다.

셋째, $\infty - \infty$ 형태 : $\dfrac{\infty}{\infty}$ 형태로 수정하여 계산하면 된다.

예제 16 다음 극한값을 구하시오.

(1) $\lim\limits_{n \to \infty} \dfrac{5}{n+3}$

(2) $\lim\limits_{n \to \infty} \dfrac{n}{n+1}$

(3) $\lim\limits_{n \to \infty} \dfrac{2n-1}{n+3}$

(4) $\lim\limits_{n \to \infty} \dfrac{n-1}{2n+3}$

(5) $\lim\limits_{n \to \infty} \dfrac{5n-2}{3n+1}$

(6) $\lim\limits_{n \to \infty} \dfrac{2n-1}{n^2+3}$

(7) $\lim\limits_{n \to \infty} \dfrac{n^2-1}{2n^2+3}$

(8) $\lim\limits_{n \to \infty} \dfrac{5n^2-2}{3n^2+5n-1}$

(9) $\lim\limits_{n \to \infty} (n^2-n)$

(10) $\lim\limits_{n \to \infty} (\sqrt{n^2+3n}-n)$

다음 무한수열의 극한값을 구하시오.

(1) $\dfrac{1}{2}, \dfrac{2}{3}, \dfrac{3}{4}, \dfrac{4}{5} \cdots$

(2) $1, \dfrac{1}{3}, \dfrac{1}{5}, \dfrac{1}{7} \cdots$

(3) $1, \dfrac{1}{4}, \dfrac{1}{9}, \dfrac{1}{16}, \cdots$

수열의 극한에서 수렴에 대한 정의

$$\lim_{n \to \infty} a_n = \alpha \quad (\text{수렴})$$

$$\Leftrightarrow \quad \forall\, p > 0, \; \exists\, K \in N \;\; such \;\; that \;\; n \geq K \to |a_n - \alpha| < p$$

또는 임의의 모든 양수 p에 대하여 $n \geq K$이면, $|a_n - \alpha| < p$인 조건을 만족하는 자연수 K가 적어도 하나 존재할 때를 말한다.

예제 18 수렴하는 수열에 대하여 주어진 조건을 만족하는 최소의 자연수 K값을 구하시오.

(1) $\displaystyle\lim_{n \to \infty} \dfrac{5}{n+3} = 0, \; p = \dfrac{1}{200}$

(2) $\displaystyle\lim_{n \to \infty} \dfrac{n}{n+1} = 1, \; p = \dfrac{1}{300}$

(3) $\displaystyle\lim_{n \to \infty} \dfrac{2n-1}{n+3} = 2, \; p = \dfrac{1}{500}$

(4) $\displaystyle\lim_{n \to \infty} \dfrac{n-1}{2n+3} = \dfrac{1}{2}, \; p = \dfrac{1}{200}$

(5) $\displaystyle\lim_{n \to \infty} \dfrac{5n-2}{3n+1} = \dfrac{5}{3}, \; p = \dfrac{1}{200}$

두 수열 $\{a_n\}$, $\{b_n\}$에 대하여,

$\lim\limits_{n \to \infty} a_n = \alpha$, $\lim\limits_{n \to \infty} b_n = \beta$일 때 다음과 같은 성질을 갖는다.

(1) $\lim\limits_{n \to \infty} ka_n = k \lim\limits_{n \to \infty} a_n = k\alpha$ (단, k는 상수)

(2) $\lim\limits_{n \to \infty} (a_n \pm b_n) = \lim\limits_{n \to \infty} a_n \pm \lim\limits_{n \to \infty} b_n = \alpha \pm \beta$

(3) $\lim\limits_{n \to \infty} a_n b_n = \lim\limits_{n \to \infty} a_n \cdot \lim\limits_{n \to \infty} b_n = \alpha\beta$

(4) $\lim\limits_{n \to \infty} \dfrac{a_n}{b_n} = \dfrac{\lim\limits_{n \to \infty} a_n}{\lim\limits_{n \to \infty} b_n} = \dfrac{\alpha}{\beta}$ (단, $b_n \neq 0$, $\beta \neq 0$)

첫째, $\lim\limits_{n \to \infty} c = c$ (단, c 는 임의의 실수)

임의의 양수 p에 대하여 $n \geq K$이면, $|c - c| < p$인 조건을 만족하는 자연수 K가 적어도 하나 존재할 때를 의미하는데, $|c - c| = 0 < p$이므로 자연수 중 어떠한 원소를 택하여도 성립한다는 것을 알 수 있다.

둘째, $\lim\limits_{n \to \infty} a_n = \alpha$일 때, $\lim\limits_{n \to \infty} ka_n = k \lim\limits_{n \to \infty} a_n = k\alpha$이다. (단, k는 임의의 실수)

(1) $k = 0$일 때, $ka_n = 0$이므로 $ka_n = 0$는 상수이며, 첫 번째 성질에 의하여 $\lim\limits_{n \to \infty} 0a_n = 0 \lim\limits_{n \to \infty} a_n = 0\alpha = 0$임을 알 수 있다.

(2) $k \neq 0$일 때, 임의의 모든 양수 p에 대하여 $n \geq K$이면, $|ka_n - k\alpha| < p$인 조건을 만족하는 자연수 K가 적어도 하나 존재한다는 것을 증명하여 보자. 가정에서 $\lim\limits_{n \to \infty} a_n = \alpha$이고, $k \neq 0$이며, $|ka_n - k\alpha| < p$이므로 $|ka_n - k\alpha| = |k||a_n - \alpha| < p$이며, $|a_n - \alpha| < \dfrac{p}{|k|}$ 이다.

여기에서 $\forall p > 0$ 이고, $|k| > 0$ 이기에 $\dfrac{p}{|k|} > 0$ 임을 알 수 있다.

따라서 자연수 K를 $K = \dfrac{p}{|k|}$ 라 놓으며, 모든 양수 p에 대하여 $n \geq K$이면, $|ka_n - k\alpha| < p$인 조건을 만족하는 자연수 K가 적어도 하나 존재한다는 것을 알 수 있다.

셋째, $\displaystyle\lim_{n\to\infty} a_n = \alpha$, $\displaystyle\lim_{n\to\infty} b_n = \beta$일 때, $\displaystyle\lim_{n\to\infty}(a_n + b_n) = \lim_{n\to\infty} a_n + \lim_{n\to\infty} b_n = \alpha + \beta$

$\forall p > 0$, $n \geq K$이면, $|(a_n + b_n) - (\alpha + \beta)| < p$인 조건을 만족하는 자연수 K가 존재한다는 것을 증명하여 보자.

가정에서 $\displaystyle\lim_{n\to\infty} a_n = \alpha$, $\displaystyle\lim_{n\to\infty} b_n = \beta$이므로, 주어진 양수 $\dfrac{p}{2}$에 대하여

$\exists K_1 \in N$ such that $n \geq K_1 \to |a_n - \alpha| < \dfrac{p}{2}$이고,

$\exists K_2 \in N$ such that $n \geq K_2 \to |a_n - \alpha| < \dfrac{p}{2}$가 되는 K_1과 K_2가 존재한다는 것을 알 수 있다.

또한, 삼각부등식에 의하여

$|(a_n + b_n) - (\alpha + \beta)| = |(a_n - \alpha) + (b_n - \beta)| \leq |a_n - \alpha| + |b_n - \beta|$이므로

자연수 K_1과 K_2가 존재하므로, K_1과 K_2 중 큰 값을 K라 하면, $n \geq K$일 때,

$$|(a_n + b_n) - (\alpha + \beta)| = |(a_n - \alpha) + (b_n - \beta)| \leq |a_n - \alpha| + |b_n - \beta|$$
$$= \frac{p}{2} + \frac{p}{2} = p$$

임을 알 수 있다.

그러므로, $\forall p > 0$, $n \geq K$이면, $|(a_n + b_n) - (\alpha + \beta)| < p$인 조건을 만족하는 자연수 K가 존재한다는 것을 알 수 있다.

02 함수의 극한

2.1 함수의 극한에서 수렴과 발산

함수의 극한에서 수렴과 발산에 대한 기본 개념

함수의 극한에서 가장 기본적인 개념은 $x \to a$일 때, 함숫값 $f(x)$가 수렴하느냐? 발산하느냐? 하는 문제이다.

⟨기호⟩   (1) $x \to a$ 일 때, $f(x) \to ?$

       또는 (2) $\lim\limits_{x \to a} f(x) = ?$

예제 19   다음 수열의 극한값을 구하시오.

(1) $\lim\limits_{n \to \infty} \dfrac{n+1}{n}$ (2) $\lim\limits_{n \to \infty} \dfrac{n-1}{n}$

함수의 극한 : $x \to a$의 의미

$x \to a$일 때, $f(x) \to ?$ $\Rightarrow$ $\begin{cases} x \to a^+ \; f(x) \to ? \\ x \to a^- \; f(x) \to ? \end{cases}$

참고 일반적으로 다항함수의 극한값은 함숫값과 같다. $\left[\displaystyle\lim_{x \to a} f(x) = f(a)\right]$

$\displaystyle\lim_{x \to a^+} f(x) \neq \lim_{x \to a^-} f(x)$ 이면, $\displaystyle\lim_{x \to a} f(x)$ 은 존재하지 않음

예제 20   다음 함수의 극한값을 구하시오.

(1) $\displaystyle\lim_{x \to 1}(3x + 1)$ (2) $\displaystyle\lim_{x \to 1}(x^2 + 1)$ (3) $\displaystyle\lim_{x \to 2}\frac{x - 1}{3x + 1}$

예제 21   다음 함수의 극한값을 구하시오.

(1) $\displaystyle\lim_{x \to 1^+}\frac{x - 1}{|x - 1|}$ (2) $\displaystyle\lim_{x \to 1^-}\frac{x - 1}{|x - 1|}$ (3) $\displaystyle\lim_{x \to 1}\frac{x - 1}{|x - 1|}$

다음 함수의 극한값을 구하시오.

(1) $\displaystyle\lim_{x \to 0} \frac{1}{x}$

(2) $\displaystyle\lim_{x \to 0} \frac{1}{|x|}$

(3) $\displaystyle\lim_{x \to 0} \frac{1}{x^2}$

(4) $\displaystyle\lim_{x \to \infty} \frac{1}{x}$

(5) $\displaystyle\lim_{x \to \infty} \frac{1}{|x|}$

(6) $\displaystyle\lim_{x \to \infty} \frac{1}{x^2}$

(7) $\displaystyle\lim_{x \to 0} -\frac{1}{x^2}$

(8) $\displaystyle\lim_{x \to \infty} -\frac{1}{x^2}$

(9) $\displaystyle\lim_{x \to \infty} -\frac{1}{|x|}$

(10) $\displaystyle\lim_{x \to 1} \frac{3}{(x-1)^2}$

(11) $\displaystyle\lim_{x \to 1} \frac{-3}{(x-1)^2}$

(12) $\displaystyle\lim_{x \to 1} \frac{1}{|x-1|}$

2.2 함수의 극한에 관한 성질

함수의 극한에 관한 성질

$\displaystyle\lim_{x \to a} f(x) = L$, $\displaystyle\lim_{x \to a} g(x) = M$이라 하면,

(1) $\displaystyle\lim_{x \to a} kf(x) = k\lim_{x \to a} f(x) = kL$

(2) $\displaystyle\lim_{x \to a} [f(x) \pm g(x)] = \lim_{x \to a} f(x) \pm \lim_{x \to a} g(x) = L \pm M$

(3) $\displaystyle\lim_{x \to a} [f(x)g(x)] = [\lim_{x \to a} f(x)][\lim_{x \to a} g(x)] = LM$

(4) $\displaystyle\lim_{x \to a} \frac{f(x)}{g(x)} = \frac{\lim_{x \to a} f(x)}{\lim_{x \to a} g(x)} = \frac{L}{M}$ 단, $M \neq 0$

예제 23 다음 함수의 극한값을 구하시오.

(1) $\displaystyle\lim_{x \to 1} 3x^2$

(2) $\displaystyle\lim_{x \to 1} (x^2 + \frac{1}{x^2})$

(3) $\displaystyle\lim_{x \to 1} x^2 e^x$

(4) $\displaystyle\lim_{x \to 2} \frac{x^2 - 1}{3x^2 + 1}$

함수의 극한 형태

첫째, $\dfrac{c}{\infty}$ 형태 : "0"으로 수렴한다.

둘째, $\dfrac{\infty}{\infty}$ 형태 : 분모의 최고차항으로 분모 분자를 나눈다.

　　　또는 동차인 경우 최고차항의 계수만 비교하여 계산한다.

셋째, $\infty - \infty$ 형태 : $\dfrac{\infty}{\infty}$ 형태로 수정하여 계산하면 된다.

넷째, $\dfrac{0}{0}$ 형태

　　　(1) 인수분해 후 약분하는 방법
　　　(2) 근호가 있는 경우 유리화 후 공통인수로 약분하는 방법

예제 24 　다음 함수의 극한값을 구하시오.

(1) $\displaystyle\lim_{x \to \infty} \dfrac{7}{x^2 + 2x}$ 　　　(2) $\displaystyle\lim_{x \to \infty} \dfrac{5x - 1}{x^2 + 2x}$ 　　　(3) $\displaystyle\lim_{x \to \infty} \dfrac{5x^2 - 1}{3x^2 - 2x}$

예제 25 　다음 함수의 극한값을 구하시오.[인수분해 후 약분하는 방법]

(1) $\displaystyle\lim_{x \to 1} \dfrac{x - 1}{x^2 - 1}$ 　　　　　　　　(2) $\displaystyle\lim_{x \to 2} \dfrac{x^3 - 8}{x^2 - 4}$

예제 26 　다음 함수의 극한값을 구하시오.[근호가 있는 경우]

(1) $\displaystyle\lim_{x \to 2} \dfrac{x^2 - 9}{\sqrt{x - 2} - 1}$ 　　　　　　(2) $\displaystyle\lim_{x \to 0} \dfrac{1 - \sqrt{1 - x}}{x}$

2.3 함수의 극한에 관한 정의

절대 부등식 구하는 방법

$|x| < a \Leftrightarrow -a < x < a$

참고 $|AB| = |A||B|$

예제 27 다음 부등식의 해를 수직선 위에 나타내시오.

(1) $|x| < 2$ (2) $|x| < 3$ (3) $|x| < \dfrac{1}{20}$

예제 28 다음 두 집합 P, Q 사이의 포함관계를 나타내시오.

(1) $P = \{x \mid |x| < 2\}$ $Q = \{x \mid |x| < 3\}$

(2) $P = \left\{x \mid |x| < \dfrac{1}{20}\right\}$ $Q = \left\{x \mid |x| < \dfrac{1}{30}\right\}$

명제 : "p이면 q이다"의 참과 거짓

기호 : p $\rightarrow$ q

     p(가정) q(결론)

     p의 진리집합 P, q의 진리집합 Q 일 때,

     참 : $P \subset Q$

다음 조건을 만족하는 양수 q의 최댓값을 구하시오.

    (1) $|x| < q \quad \rightarrow \quad |x| < 2$

    (2) $|x| < q \quad \rightarrow \quad |x| < \dfrac{1}{20}$

    (3) $|x-2| < q \quad \rightarrow \quad |x+1| < 3$

    (4) $|x+2| < q \quad \rightarrow \quad |x-1| < 3$

다음 조건을 만족하는 양수 p의 최솟값을 구하시오.

    (1) $|x| < 2 \quad \rightarrow \quad |x| < p$

    (2) $|x| < \dfrac{1}{200} \quad \rightarrow \quad |x| < p$

    (3) $|x-2| < 1 \quad \rightarrow \quad |x+1| < p$

    (4) $|x-2| < 1 \quad \rightarrow \quad |x-1| < p$

함수의 극한에서 수렴에 대한 정의

$\lim\limits_{x \to a} f(x) = L$(수렴)

(정의) $\forall p > 0, \ \exists q > 0 \ such \ that \ 0 \neq |x-a| < q \quad \rightarrow \quad |f(x) - L| < p$

참고 모든 양수 p에 대하여, $0 \neq |x-a| < q$이면 $|f(x) - L| < p$인 조건을 만족하는 양수 q가 존재한다는 것을 의미한다.

예제 31 $f(x) = ax + b$ [1차 함수]

(1) $\displaystyle\lim_{x \to 2}(x+3) = 5$이고, $p = \dfrac{1}{100}$일 때, 양수 q의 최댓값을 구하시오.

(2) $\displaystyle\lim_{x \to 3}(2x-4) = 2$이고, $p = \dfrac{1}{100}$일 때, 양수 q의 최댓값을 구하시오.

(3) $\displaystyle\lim_{x \to -2}(5x+3) = -7$이고, $p = \dfrac{1}{300}$일 때, 양수 q의 최댓값을 구하시오.

예제 32 $f(x) = ax^2 + bx + c$ [2차 함수]

(1) $\displaystyle\lim_{x \to 1}x^2 = 1$이고, $p = \dfrac{1}{100}$일 때, 양수 q의 최댓값을 구하시오.

(2) $\displaystyle\lim_{x \to 2}(2x^2-1) = 7$이고, $p = \dfrac{1}{100}$일 때, 양수 q의 최댓값을 구하시오.

(3) $\displaystyle\lim_{x \to -2}(5x^2+3) = 23$이고, $p = \dfrac{1}{300}$일 때, 양수 q의 최댓값을 구하시오.

예제 33 $f(x) = \dfrac{cx+d}{ax+b}$ [분수함수]

(1) $\displaystyle\lim_{x \to 2}\dfrac{1}{x} = \dfrac{1}{2}$이고, $p = \dfrac{1}{200}$일 때, 양수 q의 최댓값을 구하시오.

(2) $\displaystyle\lim_{x \to 1}\dfrac{1}{x+1} = \dfrac{1}{2}$이고, $p = \dfrac{1}{100}$일 때, 양수 q의 최댓값을 구하시오.

(3) $\displaystyle\lim_{x \to 2}\dfrac{x+1}{2x+1} = \dfrac{3}{5}$이고, $p = \dfrac{1}{500}$일 때, 양수 q의 최댓값을 구하시오.

2.4 함수의 극한에 대한 응용

수직점근선과 수평점근선의 정의

(1) $x = a$를 수직점근선 if $\lim\limits_{x \to a} f(x) = \infty$ 또는 $\lim\limits_{x \to a} f(x) = -\infty$

(2) $y = b$를 수평점근선 if $\lim\limits_{x \to \infty} f(x) = b$

예제 33 주어진 함수의 수직점근선과 수평점근선을 구하시오.

(1) $f(x) = \dfrac{x}{x-3}$

(2) $f(x) = \dfrac{x - 2x^2}{(x-3)^2}$

연속함수(continuous function)를 정의하는데 응용

함수 $y = f(x)$가 $x = a$에서 연속함수라는 정의는 다음 세 가지 조건을 동시에 만족할 때를 말한다.

(1) $x = a$에서 함숫값 $f(a)$가 존재

(2) $\lim\limits_{x \to a} f(x)$가 존재 $[\ \lim\limits_{x \to a^+} f(x) = \lim\limits_{x \to a^-} f(x)\ ]$

(3) $\lim\limits_{x \to a} f(x) = f(a)$

참고 위의 세 가지 조건 중 하나 라도 만족하지 않는 함수를 불연속함수라고 한다.

예제 34 함수 $f(x) = \dfrac{x}{|x|}$의 $x = 0$에서의 연속성을 조사하시오.

예제 35   함수 $f(x) = [x]$의 $x = 1$에서의 연속성을 조사하시오.

연속함수(continuous function)와 관련된 정리

(1) 최대·최소의 정리

　함수 $y = f(x)$가 구간 $[a, b]$에서 연속이면, 함수 $y = f(x)$는 이 구간에서 반드시 최솟값과 최댓값을 갖는다.

(2) 중간값의 정리

　함수 $y = f(x)$가 구간 $[a, b]$에서 연속이고 $f(a) \neq f(b)$이면, $f(a)$와 $f(b)$ 사이에 있는 임의의 값 k에 대하여 $f(c) = k$가 되는 실수 c가 반드시 a와 b 사이에 적어도 하나 존재한다.

예제 36   다음 구간에서 함수 $f(x) = x^2 - 2x - 3$의 최댓값과 최솟값을 구하시오.

(1) $[0, 3]$

(2) $(0, 3)$

예제 37   다음 함수는 주어진 구간에서 중간값의 정리를 만족하고 있다.
따라서 중간값의 정리를 만족하는 c 의 값을 구하시오.

(1) $f(x) = x^2 - 2x$,　$[0, 3]$

(2) $f(x) = x^2 - 3x$,　$[2, 4]$

■ CHAPTER 05 **연습문제**

5-1. a, b, c가 등비수열일 때, $\log(\frac{1}{a})$, $\log(\frac{1}{b})$, $\log(\frac{1}{c})$은 어떤 수열인지 구하시오. 단, $a > 0$, $b > 0$, $c > 0$이다.

5-2. $\log x$, $\log y$, $\log z$가 등차수열이면, x, y, z는 어떤 수열인지 구하시오.

5-3. 등비수열 $\{a_n\}$에서 $a_1 = x-3$, $a_2 = x-2$, $a_3 = x$가 성립할 때, a_4를 구하시오.

5-4. 두 양수 x, y에 대하여 아래의 물음에 답하시오.

(1) 두 수의 등차중앙, 등비중앙, 조화중앙을 각각 구하시오.

(2) 위에서 구한 등차중앙, 등비중앙, 조화중앙과의 관계식을 구하시오.

(3) 위에서 구한 등차중앙, 등비중앙, 조화중앙과의 관계식에 대하여 증명하시오.

5-5. 자연수 n에 대하여, 다음 식을 시그마($\sum$)를 이용하여 간단하게 나타내시오.

$$n + (n-1) \cdot 2 + (n-2) \cdot 2^2 + \cdots + 2 \cdot 2^{n-2} + 2^{n-1}$$

5-6. 다음 식을 수학적 귀납법으로 증명하시오.

$$1^3 + 2^3 + 3^3 + 4^3 + \cdots + n^3 = \sum_{k=1}^{n} k^3 = \{ \frac{n(n+1)}{2} \}$$

5-7. 수열 $1 \cdot 2, 2 \cdot 3, 3 \cdot 4, \cdots\cdots, 10 \cdot 11$의 합을 구하시오.

5-8. 다음 무한급수의 수렴·발산을 조사하고 수렴하면 그 합을 구하시오.

(1) $\displaystyle\sum_{n=1}^{\infty} \left(-\frac{1}{2}\right)^n$

(2) $\displaystyle\sum_{n=1}^{\infty} 3^n$

미분(도함수, differential)과 응용

1. 도함수

2. 일반적인 다항함수의 도함수

3. 로그함수와 지수함수의 도함수

4. 삼각함수의 도함수

5. 음함수의 도함수

6. 역함수의 도함수

7. 미분의 응용

01 도함수

함수 $y = f(x)$의 평균변화율

x의 증가량 : $\triangle x = b - a$

y의 증가량 : $\triangle y = f(b) - f(a)$ 에 대하여,

x의 증가량에 대한 y의 증가량에 대한 비

$$\frac{\triangle y}{\triangle x} = \frac{f(b) - f(a)}{b - a}$$

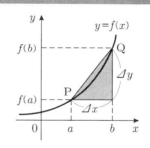

참고 평균변화율은 두 점 P, Q를 지나는 직선의 기울기를 의미

예제 1 함수 $y = x^2 + 2x$에 대하여 다음 구간에서의 평균변화율을 구하시오.

(1) $[0, 1]$

(2) $[1, 3]$

함수 $y = f(x)$에 대하여 x의 값이 a에서 $a + \triangle x$만큼
변할 때, 평균변화율의 $\triangle x \to 0$일 때의 극한값

$$\lim_{\triangle x \to 0} \frac{\triangle y}{\triangle x} = \lim_{\triangle x \to 0} \frac{f(a + \triangle x) - f(a)}{\triangle x}$$

〈기호〉 $f'(a)$, $y'_{x=a}$, $\left(\dfrac{dy}{dx}\right)_{x=a}$

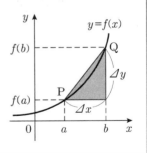

참고 $x = a$에서의 미분계수는 $x = a$에서의 접선의 기울기를 의미

예제 2 함수 $y = x^2 + 2x$에 대하여 다음 구간에서의 평균변화율을 구하시오.
(1) $x = 1$에서의 미분계수
(2) $x = -3$에서의 미분계수

함수 $y = f(x)$의 도함수 또는 미분

함수 $y = f(x)$에 대하여 $x = x$에서의 미분계수.

$$\lim_{\triangle x \to 0} \frac{\triangle y}{\triangle x} = \lim_{\triangle x \to 0} \frac{f(x + \triangle x) - f(x)}{\triangle x}$$

$$= \lim_{h \to 0} \frac{f(x + h) - f(x)}{h}$$

〈기호〉 $f'(x)$, y', $\dfrac{dy}{dx}$

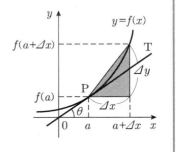

참고 도함수는 임의의 점에 있어서의 접선의 기울기를 의미

예제 3 함수 $y = x^2 + 2x$에 대하여 다음 구간에서의 평균변화율을 구하시오.
(1) $x = 1$에서의 도함수
(2) $x = -3$에서의 도함수

02 일반적인 다항함수의 도함수

참고 $y = f(x)$이므로 y를 x에 대하여 미분

〈공식〉 $y = f(x) = x^n$, $y' = [f(x)]' = [x^n]' = n\,x^{n-1}$ 단, n은 실수

예제 4 다음 함수의 도함수를 구하시오.

(1) $y = x$ (2) $f(x) = x^2$

(3) $y = x^{-1}$ (4) $f(x) = x^{-2}$

예제 5 다음 물음에 답하시오.

(1) $y = x^3$ $\dfrac{d}{dt}y =$

(2) $y = t^3$ $\dfrac{d}{dt}y =$

도함수의 기본정리

(D1) $y = kf(x)$, $y' = kf'(x)$ (단, k는 실수)

(D2) $y = f(x) + g(x)$, $y' = [f(x) + g(x)]' = f'(x) + g'(x)$

(D3) $y = f(x)g(x)$, $y' = [f(x)g(x)]' = f'(x)g(x) + f(x)g'(x)$

(D4) $y = \dfrac{f(x)}{g(x)}$, $y' = \left[\dfrac{f(x)}{g(x)}\right]' = \dfrac{f'(x)g(x) - f(x)g'(x)}{[g(x)]^2}$

참고 $y = kf(x) + tg(x)$, $y' = [kf(x) + tg(x)]' = kf'(x) + tg'(x)$ (단, k, t는 실수)

예제 6 (D1). 다음 함수의 도함수를 구하시오.

(1) $y = 5x$ (2) $f(x) = 3x^2$

(3) $y = 5x^{-1}$ (4) $f(x) = -2x^{-2}$

예제 7 (D2). 다음 함수의 도함수를 구하시오.

(1) $y = x^2 + 2x + 5$ (2) $y = x^3 + x^2 + x + 10$

(3) $y = 3x^2 + x - 1$ (4) $y = -3x^4 - 2x^2 - 2x + 100$

예제 8 (D4). 다음 함수의 도함수를 구하시오. 〈분모가 1차식 인 경우〉

(1) $y = \dfrac{1}{x}$ (2) $y = \dfrac{1}{x+1}$

(3) $y = \dfrac{1}{2x-1}$ (4) $y = \dfrac{2x-3}{3x+1}$

예제 9 (D4). 다음 함수의 도함수를 구하시오. 〈분모가 2차식 인 경우〉

(1) $y = \dfrac{1}{x^2}$ (2) $y = \dfrac{1}{x^2+1}$

(3) $y = \dfrac{x}{x^2+1}$ (4) $y = \dfrac{2x-1}{x^2+x+1}$

(5) $y = \dfrac{3x+1}{3x^2+2x+1}$ (6) $y = \dfrac{x^2-1}{x^2+1}$

$y = [f(x)]^n, \quad y' = ([f(x)]^n)' = n[f(x)]^{n-1}f'(x) \quad$ 단, n은 실수

(1) $n = -1$인 경우,

$$y = [f(x)]^{-1} = \frac{1}{f(x)}, \qquad\qquad y' = -\frac{f'(x)}{[f(x)]^2}$$

(2) $n = \dfrac{1}{2}$인 경우,

$$y = [f(x)]^{\frac{1}{2}} = \sqrt{f(x)} \qquad\qquad y' = \frac{f'(x)}{2\sqrt{f(x)}}$$

예제 10 다음 함수의 도함수를 구하시오.

(1) $y = (x+1)^3$

(2) $y = (2x+1)^3$

(3) $y = (x^2 + x + 1)^5$

(4) $y = (\dfrac{2x+1}{x-1})^3$

(5) $y = (\dfrac{x^2+1}{x^2-1})^5$

(6) $y = \dfrac{1}{x}$

(7) $y = \dfrac{1}{2x+1}$

(8) $y = \dfrac{1}{x^2+1}$

(9) $y = \sqrt{x}$

(10) $y = \sqrt{2x-1}$

(11) $y = \sqrt{x^2+1}$

(12) $y = \sqrt{\dfrac{x-1}{x+1}}$

03 로그함수와 지수함수의 도함수

로그함수의 기본 공식

$$y = \ln x \qquad\qquad y' = \frac{1}{x}$$

참고 밑수 $e = \lim_{x \to 0}(1+x)^{\frac{1}{x}} = \lim_{x \to \infty}(1+\frac{1}{x})^x = 2.78\cdots < 3$

로그함수의 응용 공식

$$y = \ln f(x) \qquad\qquad y' = \frac{f'(x)}{f(x)}$$

예제 11 다음 함수의 도함수를 구하시오.

(1) $y = \ln(x^2 + 1)$

(2) $y = \ln(\frac{1}{x})$

(3) $y = \ln(\sqrt{x})$

(4) $y = \ln(\frac{x}{x+1})$

(5) $y = \ln(\sqrt{2x+1})$

(1) $y = e^x$

(2) $y = e^{f(x)}$

(3) $y = a^x$ $\quad (a > 0, a \neq 1)$

(4) $y = a^{f(x)}$ $\quad (a > 0, a \neq 1)$

(5) $y = g(x)^{f(x)}$ $\quad (g(x) > 0, g(x) \neq 1)$

참고 지수함수의 미분 : 양변에 $\ln$를 취한다.

지수함수의 도함수

(1) $y = e^x$, $\qquad\qquad y' = e^x$

(2) $y = e^{f(x)}$ $\qquad\qquad y' = e^{f(x)}f'(x)$

예제 12 다음 함수의 도함수를 구하시오.

(1) $y = e^{-x}$ $\qquad\qquad$ (2) $y = e^x + e^{-x}$

(3) $y = e^x - e^{-x}$ $\qquad$ (4) $y = e^{x^2 + 1}$

(5) $y = e^{\sqrt{x}}$ $\qquad\qquad$ (6) $y = e^{\frac{1}{x}}$

지수함수의 도함수

(3) $y = a^x$ $\quad (a > 0, a \neq 1)$, $\qquad y' = a^x \ln a$

(4) $y = a^{f(x)}$ $\quad (a > 0, a \neq 1)$ $\qquad y' = a^{f(x)}f'(x)\ln a$

예제 13 다음 함수의 도함수를 구하시오.

(1) $y = 5^x$

(2) $y = 7^x$

(3) $y = 5^{x^2+1}$

(4) $y = 5^{\sqrt{2x+1}}$

(5) $y = 7^{\frac{1}{2x+1}}$

(6) $y = 5^{\sqrt{\frac{1}{2x+1}}}$

지수함수의 도함수

(5) $y = g(x)^{f(x)}$ $(g(x) > 0, g(x) \neq 1)$

예제 14 다음 함수의 도함수를 구하시오. (단, $x > 1$)

(1) $y = x^x$

(2) $y = x^{\frac{1}{x}}$

(3) $y = x^{\sqrt{x}}$

(4) $y = (\frac{1}{x})^x$

04 삼각함수의 도함수

기본 정의	역수공식
(1) $y = \sin x$	(1) $y = \csc x = \dfrac{1}{\sin x}$
(2) $y = \cos x$	(2) $y = \sec x = \dfrac{1}{\cos x}$
(3) $y = \tan x = \dfrac{\sin x}{\cos x}$	(3) $y = \cot x = \dfrac{1}{\tan x} = \dfrac{\cos x}{\sin x}$

제곱공식	합차공식
(1) $\sin^2 x + \cos^2 x = 1$	(1) $\sin(x \pm y) = \sin x \cos y \pm \cos x \sin y$
(2) $1 + \tan^2 x = \sec^2 x$	(2) $\cos(x \pm y) = \cos x \cos y \mp \sin x \sin y$
(3) $1 + \cot^2 x = \csc^2 x$	(3) $\tan(x \pm y) = \dfrac{\sin(x \pm y)}{\cos(x \pm y)}$

참고 $\sin^2 x = (\sin x)^2$을 의미 // $\sin x^2 = \sin(x^2)$을 의미

삼각함수의 유형 [$y = \sin x$ 기준]

(1) $y = \sin x$

(2) $y = \sin f(x)$

(3) $y = \sin^n x$

(4) $y = \sin^n f(x)$

(1) $y = \sin x$, $y' = \cos x$

(2) $y = \cos x$, $y' = -\sin x$

참고 co가 붙으면 "−"가 붙음.

예제 15 다음 함수의 도함수를 구하시오. [분수함수의 미분 이용]

(1) $y = \tan x$

(2) $y = \csc x$

(3) $y = \sec x$

(4) $y = \cot x$

삼각함수의 도함수 $y = \sin f(x)$ 형태

(1) $y = \sin f(x)$, $y' = f'(x)\cos f(x)$

(2) $y = \cos f(x)$, $y' = -f'(x)\sin f(x)$

예제 16 다음 함수의 도함수를 구하시오.

(1) $y = \sin 2x$ (2) $y = \sin(3x+1)$

(3) $y = \sin x^2$ (4) $y = \sin\sqrt{x^2+1}$

(5) $y = \sin\left(\dfrac{x}{x+1}\right)$ (6) $y = \sin\left(\dfrac{x}{x^2+1}\right)$

삼각함수의 도함수 $y = \sin^n x$ 형태

(1) $y = \sin^n x,$ $y' = n \sin^{n-1} x \cos x$

(2) $y = \cos^n x,$ $y' = -n \cos^{n-1} x \sin x$

예제 17   다음 함수의 도함수를 구하시오.

(1) $y = \sin^2 x$ (2) $y = \sin^3 x$

(3) $y = \cos^2 x$ (4) $y = \cos^3 x$

(5) $y = \tan^2 x$ (6) $y = \tan^3 x$

(7) $y = \csc^2 x$ (8) $y = \csc^3 x$

(9) $y = \sec^2 x$ (10) $y = \sec^3 x$

(11) $y = \cot^2 x$ (12) $y = \cot^3 x$

삼각함수의 도함수 $y = \sin^n f(x)$ 형태

(1) $y = \sin^n f(x),$ $y' = n f'(x) \sin^{n-1} f(x) \cos f(x)$

(2) $y = \cos^n f(x),$ $y' = -n f'(x) \cos^{n-1} f(x) \sin f(x)$

예제 18   다음 함수의 도함수를 구하시오.

(1) $y = \sin^3 2x$ (2) $y = \cos^3 (3x + 1)$

(3) $y = \sin^3 (x^2 + x + 1)$ (4) $y = \cos^3 \sqrt{x^2 + 1}$

(5) $y = \sin^3 \left(\dfrac{x}{x+1} \right)$ (6) $y = \cos^3 \left(\dfrac{x}{x^2+1} \right)$

삼각함수의 도함수 곱의 형태

$y = f(x)g(x)$	$y' = [f(x)g(x)]' = f'(x)g(x) + f(x)g'(x)$

예제 19 다음 함수의 도함수를 구하시오.

(1) $y = x\sin x$ (2) $y = x^2\cos^2 x$

(3) $y = x^3\tan x$ (4) $y = \sin x\cos x$

삼각함수의 n계 도함수 형태

$y = f(x)$

$y' = f'(x) = \dfrac{d}{dx}y = \dfrac{dy}{dx}$ ⇐ 도함수

$y'' = f''(x) = \dfrac{d}{dx}(\dfrac{d}{dx}y) = \dfrac{d^2y}{dx^2}$ ⇐ 2계 도함수

$y''' = f'''(x) = \dfrac{d^3y}{dx^3} = y^{(3)}$ ⇐ 3계 도함수

$y^{(n)} = f^{(n)}(x) = \dfrac{d^ny}{dx^n}$ ⇐ n계 도함수

예제 20 다음 물음에 답하시오

(1) $y = \sin x$일 때, $y^{(2019)}$를 구하시오.

(2) $y = \cos x$일 때, $y^{(2001)}$를 구하시오.

음함수의 도함수

함수의 형태 분류

(1) 양함수 : $y = f(x)$ 형태

(2) 음함수 : $f(x, y) = 0$ 형태

예) 직선, 원, 포물선, 타원, 쌍곡선, 등

참고 음함수 미분법 : $y = [f(x)]^n$, $\quad y' = ([f(x)]^n)' = n[f(x)]^{n-1}f'(x)$ 이용

예제 21 다음 도함수를 구하시오. $[y = f(x)$로 치환 후 미분$]$

(1) $(y^2)'$ (2) $(y^3)'$

(3) $(xy)'$ (4) $(xy^2)'$

예제 22 다음 음함수의 도함수를 구하시오.

(1) 원방정식 $x^2 + y^2 = 4$

(2) 포물선의 방정식 $y^2 = 4x$

(3) 포물선의 방정식 $x^2 = 4y$

(4) 타원방정식 $\dfrac{x^2}{4} + \dfrac{y^2}{9} = 1$

(5) 쌍곡선의 방정식 $\dfrac{x^2}{4} - \dfrac{y^2}{9} = 1$

예제 23 다음 음함수의 도함수를 구하시오.

(1) $xy = 1$

(2) $x^2 y = 4$

(3) $x^2 y + xy^2 = 6$

(4) $x^2 - xy + y^2 = 1$

(5) $x^3 + y^3 = 9xy$

(6) $\sin y = x$

(7) $\tan y = x$

06 역함수의 도함수

역함수의 미분법

$$y = f(x) \text{의 역함수 } y = f^{-1}(x) \Rightarrow y' = (f^{-1})'(x) = \frac{df^{-1}(x)}{dx} = \frac{1}{\dfrac{dy}{dx}}$$

참고 x와 y를 바꾸어 음함수 미분과 같이 계산

예제 24 $y = x^2 + 1 \; (x > 0)$의 역함수의 도함수를 구하시오.

먼저 $y = x^2 + 1$의 역함수를 구한다. [$y = x$에 대칭]

$x = y^2 + 1 \; (y > 0)$이며, 정리하면 $y^2 = x - 1$이므로

$y = f^{-1}(x) = \sqrt{x - 1}$ 이다.

풀이 1 $y^2 = x - 1$에서 양변을 x에 대하여 미분하면(음함수의 형태)

$2yy' = 1$이며, $y' = \dfrac{1}{2y}$ 이 된다.

그런데 $y = \sqrt{x - 1}$이므로 역함수의 도함수

$y' = \dfrac{1}{2y} = \dfrac{1}{2\sqrt{x - 1}}$ 이다.

풀이 2 $y = x^2 + 1 \; (x > 0)$에서 $\dfrac{dy}{dx} = 2x$이고, $y = x$에 대칭시키면

$$\frac{dx}{dy} = 2y \text{이므로 } \frac{dy}{dx} = \frac{1}{2y} \text{이고, } y = \sqrt{x-1} \text{이므로}$$

$$\frac{dy}{dx} = \frac{1}{2y} = \frac{1}{2\sqrt{x-1}} \text{이다.}$$

예제 25 다음 함수의 역함수의 도함수를 구하시오.

(1) $y = 2x^2 \ (x > 0)$

(2) $y = x^3 + 5$

(3) $y = (x+1)^{\frac{1}{4}} \ (x > -1)$

(4) $y = \sqrt{4 - x^2} \ (0 < x < 2)$

역삼각함수 도함수의 기본 형태

(1) $y = \sin x$의 역함수 $y = \sin^{-1} x$ $\quad (-1 \leq x \leq 1, -\frac{\pi}{2} \leq y \leq \frac{\pi}{2})$

(2) $y = \cos x$의 역함수 $y = \cos^{-1} x$ $\quad (-1 \leq x \leq 1, 0 \leq y \leq \pi)$

(3) $y = \tan x$의 역함수 $y = \tan^{-1} x$ $\quad (-\frac{\pi}{2} < x < \frac{\pi}{2})$

예제 26 다음 함수의 도함수를 구하시오.

(1) $y = \sin^{-1} x$

(2) $y = \cos^{-1} x$

(3) $y = \tan^{-1} x$

(1) $y = \sin^{-1} f(x)$

(2) $y = \cos^{-1} f(x)$

(3) $y = \tan^{-1} f(x)$

예제 27 다음 함수의 도함수를 구하시오.

(1) $y = \sin^{-1}(2x)$

(2) $y = \sin^{-1}\left(\dfrac{x}{2}\right)$

(3) $y = \cos^{-1}(2x)$

(4) $y = \cos^{-1}\left(\dfrac{x}{2}\right)$

(5) $y = \tan^{-1}(2x)$

(6) $y = \tan^{-1}\left(\dfrac{x}{2}\right)$

07 미분의 응용

7.1 접선 및 법선의 방정식

함수 $y = f(x)$의 $x = a$에서의 미분계수

〈정의〉 $y'_{x=a} = f'(a) = \lim\limits_{x \to a} \dfrac{f(x) - f(a)}{x - a}$

〈의미〉 함수 $y = f(x)$ 위의 한 점 $(a, f(a))$에 접하는 직선의 기울기

접선

예제 28 다음 함수들의 $x = 1$에서의 미분계수를 구하시오.(또는 $x = 1$에서의 접선의 기울기를 구하시오.)

    (1) $y = x^2 + 1$ (2) $y = x^3 + x^2 - x - 1$

    (3) $f(x) = \sqrt{x - 1}$ (4) $f(x) = \dfrac{1}{2x + 1}$

직선의 방정식 구하기 : 한 점과 기울기가 주어진 경우

한 점 $(a, f(a))$, 기울기 m $\Rightarrow$ $y - f(a) = m(x - a)$

예제 29 다음 함수들의 $x=1$에서의 접선의 방정식을 구하시오.

(1) $y=x^2+1$

(2) $y=x^3+x^2-x-1$

(3) $f(x)=\sqrt{x-1}$

(4) $f(x)=\dfrac{1}{2x+1}$

법선의 정의

법선(normal line) : 접선에 수직인 직선

참고 $y=ax+b$와 $y=cx+d$ 가 수직이면, $ac=-1$ 이다.

예제 30 다음 함수들의 $x=1$에서의 법선의 방정식을 구하시오.

(1) $y=x^2+1$

(2) $y=x^3+x^2-x-1$

(3) $f(x)=\sqrt{x-1}$

(4) $f(x)=\dfrac{1}{2x+1}$

7.2 미분계수와 뉴턴의 선형 근사

두 점이 주어진 경우 직선의 기울기

두 점 $(x_1,\ y_1)$, $(x_2,\ y_2)$이 주어진 경우,

$$기울기 = \frac{\triangle y}{\triangle x} = \frac{y_2-y_1}{x_2-x_1} = \frac{f(x_2)-f(x_1)}{\triangle x}$$

만약 $\dfrac{\triangle y}{\triangle x} \fallingdotseq f'(x_1)$ [기울기와 $x = x_1$에서의 미분계수와 같다고 가정]

$$\triangle y \fallingdotseq f'(x_1)\triangle x$$

$$f(x_2) - f(x_1) \fallingdotseq f'(x_1)\triangle x$$

$$f(x_2) \fallingdotseq f(x_1) + f'(x_1)\triangle x \; : \; 선형(1차식) \; 근사의 \; 기초$$

뉴턴의 선형(1차식) 근사 활용 방법

첫째,   근삿값 구하기

둘째,   Taylor 급수(또는 Taylor 전개)

예제 31   다음 값을 구하시오.

(1) $3^3, 3^4, 3^5$

(2) $(81)^{\frac{1}{4}}, (81)^{\frac{3}{4}}$

(3) $4^2, 4^3, 4^4$

(4) $(64)^{\frac{1}{3}}, (64)^{\frac{2}{3}}$

예제 32   다음 수의 근삿값을 구하시오.

(1) $(83)^{\frac{3}{4}}$

(2) $(79)^{\frac{3}{4}}$

(3) $(15)^{\frac{1}{4}}$

(4) $(127)^{\frac{2}{3}}$

Taylor Series : Taylor 급수(또는 Taylor 전개)

함수 $y = f(x)$가 $x = a$에서 무한하게 미분가능 할 때,

$$f(x) = f(a) + f'(a)(x-a) + \cdots + \frac{f^{(n)}(a)}{n!}(x-a)^n + \cdots = \sum_{k=0}^{\infty} \frac{f^{(k)}(a)}{k!}(x-a)^k$$

참고 함수 $y = f(x)$가 $x = a$에서 미분가능 하다. : $f'(a)$가 존재

예제 33 *Taylor Series*를 증명하시오.

증명 함수 $y = f(x)$가 $x = a$에서 다항식으로 표현된다고 가정하면,

$$f(x) = a_0 + a_1(x-a) + a_2(x-a)^2 + \cdots + a_n(x-a)^n + \cdots$$

이 된다.

첫째, 양변 $x = a$ 대입하면 $f(a) = a_0$, 따라서 $a_0 = f(a)$ (상수)

둘째, 양변을 x에 대하여 미분하면,

$$f'(x) = a_1 + 2a_2(x-a) + \cdots$$

양변 $x = a$ 대입하면 $f'(a) = a_1$, 따라서 $a_1 = f'(a)$

셋째, 양변을 x에 대하여 2번 미분하면,

$$f''(x) = 2a_2 x + 6a_3(x-a) + \cdots$$

양변 $x = a$ 대입하면 $f''(a) = 2a_2$, 따라서

$$a_2 = \frac{f''(a)}{2} = \frac{f''(a)}{2!}$$

$$\vdots$$

$$f(x) = f(a) + f'(a)(x-a) + \frac{f''(a)}{2!}(x-a)^2$$
$$+ \cdots + \frac{f^{(n)}(a)}{n!}(x-a)^n + \cdots$$

예제 34   다음 함수의 $x=1$에서의 n차 *Taylor* 다항식을 구하시오.

(1) $y = \ln x$

(2) $y = e^x$

예제 35   다음 함수의 *Maclaurin* 다항식 [또는 $x=0$에서 n차 *Taylor* 다항식]을 구하시오.

(1) $y = e^x$

(2) $y = \sin x$

(3) $y = \cos x$

7.3 함수의 극값(extreme value)

> **증가함수와 감소함수**
>
> **(정의)**   함수 $y = f(x)$가 구간 $[a,b]$에서 증가함수
> $a < b$일 때, $f(a) < f(b)$
>
> **(정의)**   함수 $y = f(x)$가 구간 $[a,b]$에서 감소함수
> $a < b$일 때, $f(a) > f(b)$

예제 36   다음 함수는 주어진 구간에서 증가함수 인지 감소함수 인지 판별하시오.

(1) $y = x^2 - 3x + 2$, $[-1, 1]$

(2) $y = x^3 - x^2 + 2x - 1$, $[1, 3]$

$x = a$가 함수 $y = f(x)$의 임계점(critical point)

(정의) $f'(a) = 0$ 또는 $f'(a)$가 존재하지 않을 때를 말한다.

예제 37 다음 함수의 임계점을 구하시오.

(1) $y = x^2 - 2x + 7$

(2) $y = x^3 - x^2 - 2x - 1$

(3) $y = \dfrac{1}{x}$

(4) $y = \sqrt{x}$

$x = a$가 함수 $y = f(x)$의 극댓값과 극솟값 판정법

함수 $y = f(x)$가 $x = a$에서 미분 가능하고, $f'(a) = 0$인 경우,

(1) $f''(a) > 0$이면, $f(a)$는 극솟값

(2) $f''(a) < 0$이면, $f(a)$는 극댓값

예제 38 다음 함수의 극댓값 또는 극솟값을 구하시오.

(1) $y = x^2 - 3x + 2$

(2) $y = x^3 - x^2 + 2x - 1$

첫째, 임계점을 구한다.

둘째, 주어진 구간에 임계점이 포함되는지 확인한다.

셋째, 주어진 구간의 양 끝 값과 임계점을 대입한 함숫값을 나열

넷째, 가장 큰 값이 최댓값, 가장 작은 값이 최솟값

예제 39 다음 함수의 주어진 구간에서 최댓값과 최솟값을 구하시오.

(1) $y = x^3 - 3x^2 - 9x + 2$, $[-2, 2]$

(2) $f(x) = 2x^3 - 15x^2 + 36x$, $[1, 5]$

(3) $y = 6x^{\frac{4}{3}} - 3x^{\frac{1}{3}}$, $[-1, 1]$

$f''(a) = 0$이고 $x = a$의 좌우에서 $f''(a)$의 부호가 바뀔 때를 말한다.

예제 40 다음 함수의 변곡점을 구하시오.

(1) $y = x^3 - x^2 - 2x - 1$

(2) $y = \dfrac{x}{x - 2}$

(3) $y = \dfrac{2 + x - x^2}{(x - 2)^2}$

7.4 로피탈의 법칙($L'\,Hopital\ Rule$)

> ### *Theorem* [$L'\,Hopital\ Rule$]
>
> $\displaystyle\lim_{x \to a}\frac{f(x)}{g(x)}$ 이 $\dfrac{0}{0}$꼴 또는 $\dfrac{\infty}{\infty}$꼴 이고, 미분가능하며, $g'(x) \neq 0$인 경우,
>
> $$\lim_{x \to a}\frac{f(x)}{g(x)} = \lim_{x \to a}\frac{f'(x)}{g'(x)} = \lim_{x \to a}\frac{f''(x)}{g''(x)} = \cdots$$

참고 $L'\,Hopital\ Rule$은 $\dfrac{0}{0}$꼴 또는 $\dfrac{\infty}{\infty}$꼴 에서만 이용

부정형 $\infty - \infty$, $0 \cdot \infty$, 0^0, ∞^{0} $\Rightarrow$ $\dfrac{0}{0}$ 또는 $\dfrac{\infty}{\infty}$ 변형 후 이용

예제 41   다음 극한값을 구하시오.

(1) $\displaystyle\lim_{x \to 1}\frac{x^3 - 1}{x^2 - 1}$

(2) $\displaystyle\lim_{x \to \infty}\frac{x^3 - 1}{x^2 + 1}$

(3) $\displaystyle\lim_{x \to 0}\frac{1 - \cos x}{x^2 - x}$

(4) $\displaystyle\lim_{x \to 1}\frac{\ln x}{\sqrt[3]{x}}$

(5) $\displaystyle\lim_{x \to 1}\frac{\ln x}{x - 1}$

(6) $\displaystyle\lim_{x \to \infty}\frac{x^2}{e^x}$

(7) $\displaystyle\lim_{x \to \infty}\frac{e^x}{x^2}$

(8) $\displaystyle\lim_{x \to 0}\frac{1 - \cos x}{\sin x}$

(9) $\displaystyle\lim_{x \to 0}\frac{x^2}{e^x - 1}$

(10) $\displaystyle\lim_{x \to 0^+}\frac{\ln x}{\csc x}$

예제 42 다음 극한값을 구하시오.

(1) $\displaystyle\lim_{x \to 0^+} x \ln x$

(2) $\displaystyle\lim_{x \to 0^+} \left(\frac{1}{x} - \frac{1}{\sin x} \right)$

(3) $\displaystyle\lim_{x \to 0^+} x^x$

(4) $\displaystyle\lim_{x \to \infty} (x+1)^{\frac{2}{x}}$

(5) $\displaystyle\lim_{x \to \infty} x \sin\left(\frac{1}{x}\right)$

(6) $\displaystyle\lim_{x \to (\frac{\pi}{4})^-} (1 - \tan x)\sec(2x)$

(7) $\displaystyle\lim_{x \to (\frac{\pi}{2})^-} (\sec x - \tan x)$

(8) $\displaystyle\lim_{x \to 0} (x+1)^{\frac{1}{x}}$

(9) $\displaystyle\lim_{x \to 0^+} \left(\frac{1}{x}\right)^x$

(10) $\displaystyle\lim_{x \to 0^+} (1 + \sin(2x))^{\cot x}$

부정적분

1. 다항함수의 부정적분

2. 로그함수의 부정적분

3. 지수함수의 부정적분

4. 삼각함수의 부정적분

5. 역삼각함수의 부정적분

6. 유리함수의 부정적분

7. 부분적분법

01 다항함수의 부정적분

$f(x)$가 $F(x)$의 도함수$[F'(x) = f(x)]$일 때,

$F(x)$를 $f(x)$의 원시함수 또는 부정적분

〈기호〉 $\displaystyle\int f(x)\,dx = F(x) + C,$ 단, C는 적분 상수

참고 $f(x)$의 원시 함수를 구하는 것을 $f(x)$를 적분한다고 하고 $f(x)$를 피적분함수, dx에서 x를 적분 변수라 한다.

부정적분의 기본 정리

(1) $\dfrac{d}{dx}\left[\displaystyle\int f(x)dx\right] = f(x)$

(2) $\displaystyle\int\left[\dfrac{d}{dx}f(x)\right]dx = f(x) + C$

참고 $\displaystyle\int\left[\dfrac{d}{dx}f(x)\right]dx = \int f'(x)\,dx = f(x) + C$

예제 1 다음을 구하시오.

(1) $\dfrac{d}{dx}\left[\displaystyle\int x^2 dx\right]$ (2) $\displaystyle\int\left[\dfrac{d}{dx}x^2\right]dx$

부정적분의 정리

$[I_1]$ $\displaystyle\int 0\,dx = C$ 단, C는 적분 상수

$[I_2]$ $\displaystyle\int k\,dx = kx + C$ 단, k는 실수

$[I_3]$ $\displaystyle\int x^n\,dx = \dfrac{1}{n+1}x^{n+1} + C$ 단, $n \neq -1$

예제 2   다음 함수의 부정적분을 구하시오.

(1) $\displaystyle\int 3\,dx$ (2) $\displaystyle\int x^2\,dx$

(3) $\displaystyle\int x^5\,dx$ (4) $\displaystyle\int \sqrt{x}\,dx$

(5) $\displaystyle\int x^{-5}\,dx$ (6) $\displaystyle\int \dfrac{1}{x^2}\,dx$

부정적분의 합과 차에 대한 정리

$[I_4]$ $\displaystyle\int (f'(x) \pm g'(x))dx = \int f'(x)dx \pm \int g'(x)dx = f(x) \pm g(x) + C$

$[I_5]$ $\displaystyle\int kf'(x)dx = k\int f'(x)dx = kf(x) + C$ 단, k는 실수

참고 두 함수에 대한 합·차의 미분은 다음과 같다.

$y = f(x) \pm g(x)$ $y' = f'(x) \pm g'(x)$

$y = kf(x)$ $y' = kf'(x)$

예제 3   다음 함수의 부정적분을 구하시오.

(1) $\displaystyle\int (2x - 3)\,dx$ (2) $\displaystyle\int (3x^2 - 2x)\,dx$

(3) $\displaystyle\int (4x^3 - 3x + 5)\,dx$ (4) $\displaystyle\int (4\sqrt{x^3} - 3\sqrt{x})\,dx$

부정적분의 응용 정리

$$[I_6] \quad \int (f(x))^n f'(x)dx = \frac{1}{n+1}(f(x))^{n+1} + C , \quad 단, \ n \neq -1$$

$$[I_7] \quad \int (ax+b)^n dx = \frac{1}{a}\frac{1}{n+1}(ax+b)^{n+1} + C \quad 단, \ n \neq -1, \ a \neq 0$$

참고 $y = [f(x)]^{n+1}$ $y' = (n+1)[f(x)]^n f'(x)$

          $y = (ax+b)^{n+1}$ $y' = (n+1)(ax+b)^n a$

예제 4   다음 함수의 부정적분을 구하시오.

(1) $\displaystyle\int (3x+1)^3 3\, dx$ (2) $\displaystyle\int (3x+1)^3\, dx$

(3) $\displaystyle\int (x^2+1)^3 2x\, dx$ (4) $\displaystyle\int (x^2+1)^3 x\, dx$

(5) $\displaystyle\int (x^3+5)^4 3x^2\, dx$ (6) $\displaystyle\int (x^3+5)^4 x^2\, dx$

(7) $\displaystyle\int (x^3+x^2+x)^5 \{ \qquad \}\, dx$

(8) $\displaystyle\int (\frac{1}{3}x^3+\frac{1}{2}x^2+x)^7 \{ \qquad \}\, dx$

02 로그함수의 부정적분

로그함수의 부정적분

$[I_8]$ $\displaystyle\int \frac{1}{x}\,dx = \ln|x| + C$

$[I_9]$ $\displaystyle\int \frac{f'(x)}{f(x)}\,dx = \ln|f(x)| + C$

참고 로그함수의 미분법은 다음과 같다.

$y = \ln x$ $\qquad\qquad\qquad\qquad$ $y' = \dfrac{1}{x}$

$y = \ln f(x)$ $\qquad\qquad\qquad\quad$ $y' = \dfrac{f'(x)}{f(x)}$

참고 $\displaystyle\int \frac{1}{x}\,dx = \int x^{-1}\,dx = \ln|x| + C$

$\displaystyle\int \frac{f'(x)}{f(x)}\,dx = \int [f(x)]^{-1} f'(x)\,dx = \ln|f(x)| + C$

$\displaystyle\int (ax+b)^{-1}\,dx = \frac{1}{a}\ln|ax+b| + C$

예제 5 다음 함수의 부정적분을 구하시오.

(1) $\displaystyle\int \frac{3}{3x+1}\,dx$ $\qquad\qquad$ (2) $\displaystyle\int \frac{1}{3x+1}\,dx$

(3) $\displaystyle\int \frac{2x}{x^2+1}\,dx$ $\qquad\qquad$ (4) $\displaystyle\int \frac{x}{x^2+1}\,dx$

03 지수함수의 부정적분

지수함수의 부정적분

$[I_{10}]$ $\displaystyle\int e^x\,dx = e^x + C$

$[I_{11}]$ $\displaystyle\int e^{f(x)}f'(x)\,dx = e^{f(x)} + C$

$[I_{12}]$ $\displaystyle\int a^x\,dx = \frac{1}{\ln a}a^x + C$ 　　단, $a \neq 1, a > 0$

$[I_{13}]$ $\displaystyle\int a^{f(x)}f'(x)\,dx = \frac{1}{\ln a}a^{f(x)} + C$

참고 지수함수의 미분법은 다음과 같다.

$y = e^x$ 　　　　　　　 $y' = e^x$

$y = e^{f(x)}$ 　　　　　　 $y' = e^{f(x)}f'(x)$

$y = a^x$ 　　　　　　　 $y' = a^x\ln a$

$y = a^{f(x)}$ 　　　　　　 $y' = a^{f(x)}f'(x)\ln a$

예제 6 다음 함수의 부정적분을 구하시오.

(1) $\displaystyle\int 3e^{3x+1}dx$

(2) $\displaystyle\int e^{3x+1}dx$

(3) $\displaystyle\int 2xe^{x^2+1}dx$

(4) $\displaystyle\int xe^{x^2+1}dx$

(5) $\displaystyle\int 3^x \ln 3\,dx$

(6) $\displaystyle\int 3^x dx$

(7) $\displaystyle\int 3^{x^2+1}\{\qquad\}\,dx$

(8) $\displaystyle\int 5^{x^2+x-2}\{\qquad\}\,dx$

(9) $\displaystyle\int e^{-x}dx$

(10) $\displaystyle\int (e^x+e^{-x})\,dx$

(11) $\displaystyle\int (e^x-e^{-x})\,dx$

(12) $\displaystyle\int \frac{e^x-e^{-x}}{e^x+e^{-x}}\,dx$

04 삼각함수의 부정적분

<table>
<tr><td colspan="2">기본 정의 및 미분</td><td colspan="2">역수공식 및 미분</td></tr>
<tr><td>(1) $y = \sin x$</td><td>$y' = \cos x$</td><td>(1) $y = \csc x$</td><td>$y' = -\csc x \cot x$</td></tr>
<tr><td>(2) $y = \cos x$</td><td>$y' = -\sin x$</td><td>(2) $y = \sec x$</td><td>$y' = \sec x \tan x$</td></tr>
<tr><td>(3) $y = \tan x$</td><td>$y' = \sec^2 x$</td><td>(3) $y = \cot x$</td><td>$y' = -\csc^2 x$</td></tr>
</table>

제곱공식

(1) $\sin^2 x + \cos^2 x = 1$

(2) $1 + \tan^2 x = \sec^2 x$

(3) $1 + \cot^2 x = \csc^2 x$

반각 공식

(1) $\sin^2 \left(\dfrac{x}{2} \right) = \dfrac{1 - \cos x}{2}$

(2) $\cos^2 \left(\dfrac{x}{2} \right) = \dfrac{1 + \cos x}{2}$

(3) $\tan^2 \left(\dfrac{x}{2} \right) = \dfrac{1 - \cos x}{1 + \cos x}$

참고 $\sin^2 x = (\sin x)^2$을 의미 // $\sin x^2 = \sin(x^2)$을 의미

삼각함수의 부정적분

$[I_{14}]$ $\displaystyle\int \sin x\, dx = -\cos x + C$

$[I_{15}]$ $\displaystyle\int \cos x\, dx = \sin x + C$

참고 $\displaystyle\int \frac{f'(x)}{f(x)}\,dx = \ln|f(x)| + C,$

$\displaystyle\int (f(x))^n f'(x)\,dx = \frac{1}{n+1}(f(x))^{n+1} + C$

예제 7 다음 함수의 부정적분을 구하시오.

(1) $\displaystyle\int \tan x\,dx$ (2) $\displaystyle\int \csc x\,dx$

(3) $\displaystyle\int \sec x\,dx$ (4) $\displaystyle\int \cot x\,dx$

예제 8 다음 함수의 부정적분을 구하시오.

(1) $\displaystyle\int \sin x\cos x\,dx$ (2) $\displaystyle\int \sin^2 x\cos x\,dx$

(3) $\displaystyle\int \tan x\sec^2 x\,dx$ (4) $\displaystyle\int \cot x\csc^2 x\,dx$

(5) $\displaystyle\int \sin^2\left(\frac{x}{2}\right)dx$ (6) $\displaystyle\int \cos^2\left(\frac{x}{2}\right)dx$

삼각함수의 부정적분

$[I_{20}]$ $\displaystyle\int f'(x)\sin f(x)\,dx = -\cos f(x) + C$

$[I_{21}]$ $\displaystyle\int f'(x)\cos f(x)\,dx = \sin f(x) + C$

참고 삼각함수의 미분법

$y = \sin f(x)$ $y' = f'(x)\cos f(x)$

$y = \cos f(x)$ $y' = -f'(x)\sin f(x)$

예제 9 다음 함수의 부정적분을 구하시오.

(1) $\displaystyle\int 2\sin(2x)dx$ (2) $\displaystyle\int \sin(2x)dx$

(3) $\displaystyle\int 2\cos(2x)dx$ (4) $\displaystyle\int \cos(2x)dx$

(5) $\displaystyle\int \{\quad\}\cos(3x+1)dx$ (6) $\displaystyle\int \{\quad\}\cos(5x-1)dx$

(7) $\displaystyle\int \{\quad\}\cos(x^2+1)dx$ (8) $\displaystyle\int x\cos(x^2+1)dx$

제곱공식과 반각 공식 이용

(1) $\sin^2 x = \dfrac{1-\cos(2x)}{2}$

(2) $\cos^2 x = \dfrac{1+\cos(2x)}{2}$

(3) $1+\tan^2 x = \sec^2 x \quad \Rightarrow \quad \tan^2 x = \sec^2 x - 1$

(4) $1+\cot^2 x = \csc^2 x \quad \Rightarrow \quad \cot^2 x = \csc^2 x - 1$

예제 10 다음 함수의 부정적분을 구하시오.

(1) $\displaystyle\int \sin^2 x\,dx$ (2) $\displaystyle\int \cos^2 x\,dx$

(3) $\displaystyle\int \tan^2 x\,dx$ (4) $\displaystyle\int \csc^2 x\,dx$

(5) $\displaystyle\int \sec^2 x\,dx$ (6) $\displaystyle\int \cot^2 x\,dx$

예제 11 다음 함수의 부정적분을 구하시오.

(1) $\displaystyle\int \sin^3 x\,dx$ (2) $\displaystyle\int \cos^3 x\,dx$

(3) $\displaystyle\int \tan^3 x\,dx$ (4) $\displaystyle\int \cot^3 x\,dx$

05 역삼각함수의 부정적분[치환적분]

역삼각함수 도함수의 기본 형태

(1) $y = \sin x$의 역함수 $y = \sin^{-1} x$ $(-1 \leq x \leq 1, -\frac{\pi}{2} \leq y \leq \frac{\pi}{2})$

(2) $y = \cos x$의 역함수 $y = \cos^{-1} x$ $(-1 \leq x \leq 1, 0 \leq y \leq \pi)$

(3) $y = \tan x$의 역함수 $y = \tan^{-1} x$ $(-\frac{\pi}{2} < x < \frac{\pi}{2})$

역삼각함수의 부정적분

$[I_{21}]$ $\displaystyle\int \frac{1}{\sqrt{1-x^2}} dx = \sin^{-1} x + C$

$[I_{22}]$ $\displaystyle\int \frac{f'(x)}{\sqrt{1-[f(x)]^2}} dx = \sin^{-1} f(x) + C$

참고   역삼각함수의 미분

$x = a\sin\theta \ \ (-\dfrac{\pi}{2} < \theta < \dfrac{\pi}{2})$

(1) $\sqrt{a^2 - x^2} = \sqrt{a^2 - a^2\sin^2\theta} = \sqrt{a^2(1 - \sin^2\theta)} = \sqrt{a^2\cos^2\theta} = a\cos\theta$

(2) $\dfrac{dx}{d\theta} = a\cos\theta, \ \ dx = a\cos\theta \, d\theta$

(3) $x = a\sin\theta, \ \ \sin\theta = \dfrac{x}{a}, \ \ \theta = \sin^{-1}(\dfrac{x}{a})$

예제 12 다음 함수의 부정적분을 구하시오.

(1) $\displaystyle\int \dfrac{1}{\sqrt{1 - x^2}} dx$

(2) $\displaystyle\int \dfrac{1}{\sqrt{4 - x^2}} dx$

(3) $\displaystyle\int \dfrac{1}{\sqrt{9 - x^2}} dx$

(4) $\displaystyle\int \sqrt{4 - x^2} \, dx$

(5) $\displaystyle\int \sqrt{9 - x^2} \, dx$

역삼각함수의 부정적분

$[I_{23}]$ $\displaystyle\int \dfrac{1}{1 + x^2} dx = \tan^{-1}x + C$

$[I_{24}]$ $\displaystyle\int \dfrac{f'(x)}{1 + [f(x)]^2} dx = \tan^{-1}f(x) + C$

$a^2 + x^2$ (또는 $\sqrt{a^2 + x^2}$)의 치환적분 계산 방법

$x = a\tan\theta$

(1) $a^2 + x^2 = a^2 + a^2\tan^2\theta = a^2(1 + \tan^2\theta) = a^2\sec^2\theta$

(2) $\dfrac{dx}{d\theta} = a\sec^2\theta$, $dx = a\sec^2 d\theta$

(3) $x = a\tan\theta$, $\tan\theta = \dfrac{x}{a}$, $\theta = \tan^{-1}\left(\dfrac{x}{a}\right)$

예제 13 다음 함수의 부정적분을 구하시오.

(1) $\displaystyle\int \frac{1}{1 + x^2}\, dx$

(2) $\displaystyle\int \frac{1}{4 + x^2}\, dx$

(3) $\displaystyle\int \frac{1}{9 + x^2}\, dx$

(4) $\displaystyle\int \sqrt{4 + x^2}\, dx$

(5) $\displaystyle\int \sqrt{9 + x^2}\, dx$

06 유리함수의 부정적분

유리함수의 정의

$f(x)$와 $g(x)$가 x의 다항식일 때, $\dfrac{f(x)}{g(x)}$[단, $g(x) \neq 0$]인 형태를 말한다.

분모가 1차식인 경우, 부정적분의 형태

$[I_{23}]$ $\displaystyle\int \dfrac{k}{ax+b}dx = \dfrac{k}{a}ln|ax+b| + C$

$[I_{24}]$ $\displaystyle\int \dfrac{cx+d}{ax+b}dx$

참고 $\displaystyle\int \dfrac{f'(x)}{f(x)}dx = \ln|f(x)| + C$

예제 14 다음 함수의 부정적분을 구하시오.

(1) $\displaystyle\int \dfrac{1}{2x+1}dx$

(2) $\displaystyle\int \dfrac{7}{3x+5}dx$

(3) $\displaystyle\int \dfrac{x-1}{2x+1}dx$

(4) $\displaystyle\int \dfrac{3x-1}{x+1}dx$

(5) $\displaystyle\int \dfrac{3x-1}{2x+1}dx$

(6) $\displaystyle\int \dfrac{cx+d}{ax+b}dx$

$$[I_{25}] \quad \int \frac{k}{ax^2 + bx + c} dx = \int \frac{k}{(ax+p)^2} dx = k \int \frac{1}{(ax+p)^2} dx$$

참고 $\displaystyle \int (f(x))^n f'(x) dx = \frac{1}{n+1}(f(x))^{n+1} + C$

예제 15 다음 함수의 부정적분을 구하시오.

(1) $\displaystyle \int \frac{1}{(2x+1)^2} dx$

(2) $\displaystyle \int \frac{7}{x^2 - 4x + 4} dx$

(3) $\displaystyle \int \frac{3}{4x^2 - 4x + 1} dx$

(4) $\displaystyle \int \frac{1}{(ax+b)^2} dx$

(5) $\displaystyle \int \frac{1}{(x-a)^n} dx$

(6) $\displaystyle \int \frac{d}{(ax+b)^n} dx$

$$[I_{26}] \quad \int \frac{k}{ax^2 + bx + c} dx = \int \frac{k}{a(x-p)(x-q)} dx$$

$$\frac{1}{AB} = \frac{1}{B-A}\left(\frac{1}{A} - \frac{1}{B}\right) \quad \text{단, } A < B$$

참고 $\ln A - \ln B = \ln \dfrac{A}{B}$

예제 16 다음 유리함수를 부분분수로 고치시오.

(1) $\dfrac{1}{x(x+1)}$ (2) $\dfrac{1}{x(x-1)}$

(3) $\dfrac{1}{x^2+2x}$ (4) $\dfrac{1}{x^2-1}$

(5) $\dfrac{1}{4x^2-1}$ (6) $\dfrac{1}{x^2-x-6}$

예제 17 다음 부정적분을 구하시오.

(1) $\displaystyle\int \dfrac{1}{x(x+1)}\,dx$

(2) $\displaystyle\int \dfrac{1}{x(x-1)}\,dx$

(3) $\displaystyle\int \dfrac{1}{x^2+2x}\,dx$

(4) $\displaystyle\int \dfrac{1}{x^2-1}\,dx$

(5) $\displaystyle\int \dfrac{1}{4x^2-1}\,dx$

(6) $\displaystyle\int \dfrac{1}{x^2-x-6}\,dx$

분모가 2차식인 경우, 부정적분의 형태 : 제곱의 합

$[I_{27}]$ $\displaystyle\int \dfrac{k}{ax^2+bx+c}\,dx = \int \dfrac{k}{a(x-p)^2+q}\,dx$

$[I_{23}]$ $\displaystyle\int \frac{1}{1+x^2}dx = \tan^{-1}x + C$

$[I_{24}]$ $\displaystyle\int \frac{f'(x)}{1+[f(x)]^2}dx = \tan^{-1}f(x) + C$

예제 18 다음 부정적분을 구하시오.

(1) $\displaystyle\int \frac{1}{x^2+1}dx$ 　　　　　　(2) $\displaystyle\int \frac{1}{x^2+4}dx$

(3) $\displaystyle\int \frac{1}{x^2+2x+2}dx$ 　　　(4) $\displaystyle\int \frac{1}{4x^2+4x+5}dx$

$[I_{28}]$ $\displaystyle\int \frac{dx+e}{ax^2+bx+c}dx$ 또는 $\displaystyle\int \frac{dx^2+ex+f}{ax^2+bx+c}dx$

참고 $\displaystyle\int \frac{f'(x)}{f(x)}dx = \ln|f(x)| + C$

예제 19 다음 부정적분을 구하시오.

(1) $\displaystyle\int \frac{x}{x^2+1}dx$ 　　　　　　(2) $\displaystyle\int \frac{x+1}{x^2+4}dx$

(3) $\displaystyle\int \frac{x^2}{x^2+1}dx$ 　　　　　(4) $\displaystyle\int \frac{x^2+1}{x^2+4}dx$

$\left[\,I_{29}\,\right]\quad \displaystyle\int \frac{ax}{[x^2+p^2]^n}dx$

참고 $\displaystyle\int \frac{f'(x)}{f(x)}\,dx = \ln|f(x)| + C, \quad \int (f(x))^n f'(x)\,dx = \frac{1}{n+1}(f(x))^{n+1} + C$

예제 20 다음 부정적분을 구하시오.

(1) $\displaystyle\int \frac{x}{x^2+4}dx$ (2) $\displaystyle\int \frac{x}{[x^2+4]^2}dx$

(3) $\displaystyle\int \frac{2x}{[x^2+4]^5}dx$ (4) $\displaystyle\int \frac{2x}{[x^2+4]^n}dx$

(5) $\displaystyle\int \frac{ax}{[x^2+p^2]^3}dx$ (6) $\displaystyle\int \frac{ax}{[x^2+p^2]^n}dx$

$\left[\,I_{30}\,\right]\quad \displaystyle\int \frac{a}{[x^2+p^2]^n}dx$

참고 $\dfrac{1}{x^2+4} = \dfrac{x^2+4}{(x^2+4)^2} = \dfrac{x^2}{(x^2+4)^2} + \dfrac{4}{(x^2+4)^2}$ 이용

예제 21 다음 부정적분을 구하시오.

(1) $\displaystyle\int \frac{1}{x^2+4}dx$ (2) $\displaystyle\int \frac{1}{[x^2+4]^2}dx$

(3) $\displaystyle\int \frac{1}{[x^2+4]^3}dx$ (4) $\displaystyle\int \frac{1}{[x^2+4]^n}dx$

(5) $\displaystyle\int \frac{ax+b}{[x^2+p^2]^3}dx$ (6) $\displaystyle\int \frac{ax+b}{[x^2+p^2]^n}dx$

07 부분적분법

부분적분의 형태

$\displaystyle\int f(x)g(x)dx$ 두 함수의 곱셈에 대한 적분

참고 $g(x) \neq f'(x)$인 경우 부분적분 이용

부분적분의 기초 : 함수 $y = f(x)$가 주어진 경우

$$y' = f'(x) = \frac{dy}{dx} \Longleftrightarrow dy = f'(x)dx \Longleftrightarrow d[f(x)] = f'(x)dx$$

STEP 1) $f'(x)dx = d\{f(x)\}$의 형태로 변경

참고 순서 : $\ln x,\ x,\ e^x,\ \sin x,\ \cos x,\ \cdots$

예제 22   다음 식을 $d\{f(x)\}$의 형태로 변경하시오.

(1) $x\,dx$ (2) $x^2\,dx$

(3) $\sin x\,dx$ (4) $\cos x\,dx$

(5) $e^x\,dx$ (6) $\sec^2 x\,dx$

첫째, $\displaystyle\int f(x)g(x)dx = \int f(x)d[\quad\quad]$ 변형

둘째, $\displaystyle\int f(x)d[g(x)] = f(x)g(x) - \int g(x)d[f(x)]$

참고 함수 2개를 곱하고, 순서를 바꾼다.

예제 23 다음 부정적분을 구하시오.

(1) $\displaystyle\int x\sin x\,dx$ (2) $\displaystyle\int xe^x\,dx$

(3) $\displaystyle\int x\sec^2 x\,dx$ (4) $\displaystyle\int x\ln x\,dx$

STEP 2) $d[f(x)] = f'(x)dx$의 형태로 변경

예제 24 다음 식을 $d[f(x)] = f'(x)dx$의 형태로 변경하시오.

(1) $d[x^2]$ (2) $d[x^3]$

(3) $d[\sin x]$ (4) $d[\cos x]$

(5) $d[e^x]$ (6) $d[\ln x]$

부분적분법 2단계

첫째, $\displaystyle\int f(x)g(x)dx = \int f(x)d[\quad\quad]$ 변형

둘째, $\displaystyle\int f(x)d[g(x)] = f(x)g(x) - \int g(x)d[f(x)]$

$$= f(x)g(x) - \int g(x)f'(x)dx$$

예제 25 다음 부정적분을 구하시오.

(1) $\displaystyle\int x^2 \sin x \, dx$

(2) $\displaystyle\int x^2 e^x \, dx$

(3) $\displaystyle\int x^2 \sec^2 x \, dx$

(4) $\displaystyle\int x^2 \ln x \, dx$

예제 26 다음 부정적분을 구하시오.

(1) $\displaystyle\int e^x \sin x \, dx$

(2) $\displaystyle\int e^x \cos x \, dx$

(3) $\displaystyle\int \sin^2 x \, dx$

(4) $\displaystyle\int \cos^2 x \, dx$

(3) $\displaystyle\int \sin^3 x \, dx$

(6) $\displaystyle\int \cos^3 x \, dx$

예제 27 다음 부정적분을 구하시오.

(1) $\displaystyle\int \sin^{-1} x \, dx$

(2) $\displaystyle\int \tan^{-1} x \, dx$

(3) $\displaystyle\int \ln x \, dx$

예제 28 다음 부정적분을 구하시오.

(1) $\displaystyle\int (\ln x)^n \, dx$

(2) $\displaystyle\int \sin^n x \, dx$

(3) $\displaystyle\int \cos^n x \, dx$

정적분과 응용

1. 정적분
2. 정적분의 응용

01 정적분

폐구간 $[a, b,]$에서 연속인 함수 $y = f(x)$에 대하여,

$y = f(x)$와 x축, y축, 그리고 직선 $x = a$, $x = b$로 둘러싸인 부분의 넓이를

a에서 b까지 함수 $y = f(x)$의 정적분이라 하며, 기호를 사용하여 다음과 같이 정의한다.

$$\int_a^b f(x)\,dx = \lim_{n \to \infty} \sum_{k=1}^n f\left(a + \frac{(b-a)k}{n}\right) \frac{b-a}{n}$$

참고 극한값이 존재할 때, 함수 $y = f(x)$는 구간 $[a, b,]$에서 적분가능하다.

$$\int_a^b f(x)\,dx = \left[F(x)\right]_a^b = F(b) - F(a), \quad 단, \int f(x)\,dx = F(x) + C$$

참고 정적분은 실수이다. $\dfrac{d}{dx} \displaystyle\int_a^b f(x)\,dx = 0$

1.1 정적분의 계산

[형태 1] $\displaystyle \int k\,dx = kx + C$

예제 1 다음 정적분의 값을 구하시오.

(1) $\displaystyle \int_1^2 3\,dx$ (2) $\displaystyle \int_0^2 5\,dx$

[형태 2] $\displaystyle \int x^n\,dx = \frac{1}{n+1} x^{n+1} + C$, 단 $n \neq -1$

예제 2 다음 정적분의 값을 구하시오.

(1) $\displaystyle \int_0^1 x^2\,dx$ (2) $\displaystyle \int_0^1 x^5\,dx$

(3) $\displaystyle \int_1^2 \sqrt{x}\,dx$ (4) $\displaystyle \int_1^2 x^{-5}\,dx$

(5) $\displaystyle \int_1^2 \frac{1}{x^2}\,dx$

[형태 3] $\displaystyle \int [kf(x) + tg(x)]\,dx = k\int f(x)dx + t\int g(x)dx$

예제 3 다음 정적분의 값을 구하시오.

(1) $\displaystyle \int_0^1 (4x^3 - 3x + 5)\,dx$ (2) $\displaystyle \int_1^2 (4\sqrt{x^3} - 3\sqrt{x})\,dx$

(3) $\displaystyle \int_0^{\frac{\pi}{4}} \sin x\,dx$ (4) $\displaystyle \int_0^{\frac{\pi}{4}} \cos x\,dx$

[형태 4] $\displaystyle\int (ax+b)^n \, dx = \frac{1}{a}\frac{1}{n+1}(ax+b)^{n+1} + C$ 　단 $n \neq -1$

예제 4 다음 정적분의 값을 구하시오.

(1) $\displaystyle\int_0^1 (x+1)^3 \, dx$

(2) $\displaystyle\int_1^2 (2x-3)^3 \, dx$

(3) $\displaystyle\int_1^2 \frac{1}{(x-4)^2} \, dx$

(4) $\displaystyle\int_0^2 \frac{1}{(3x+2)^3} \, dx$

[형태 5] $\displaystyle\int [f(x)]^n f'(x) \, dx = \frac{1}{n+1}(f(x))^{n+1} + C$ 　단 $n \neq -1$

예제 5 다음 정적분의 값을 구하시오.

(1) $\displaystyle\int_0^1 (x^2+1)^3 x \, dx$

(2) $\displaystyle\int_1^2 (2x^2-3)^3 x \, dx$

(3) $\displaystyle\int_0^1 \frac{2x}{x^2+1} \, dx$

(4) $\displaystyle\int_0^1 \frac{x}{x^2+1} \, dx$

(5) $\displaystyle\int_1^2 \frac{x}{(x^2-4)^2} \, dx$

(6) $\displaystyle\int_0^2 \frac{x}{(3x^2+2)^3} \, dx$

(7) $\displaystyle\int_1^2 \frac{\ln x}{x} \, dx$

(8) $\displaystyle\int_0^{\frac{\pi}{4}} \sin x \cos x \, dx$

(9) $\displaystyle\int_0^{\frac{\pi}{4}} \sin^2 x \cos x \, dx$

(10) $\displaystyle\int_0^{\frac{\pi}{4}} \tan x \sec^2 x \, dx$

[형태 6] $\displaystyle\int x^n\, dx$ 에서 $n=-1$인 경우, $\displaystyle\int x^{-1}\, dx = \int \frac{1}{x}\, dx = \ln|x| + C$

예제 6 다음 정적분의 값을 구하시오.

(1) $\displaystyle\int_1^2 \frac{2}{x}\, dx$

(2) $\displaystyle\int_3^4 \frac{5}{x}\, dx$

[형태 7] $\displaystyle\int [f(x)]^n f'(x)\, dx$ 에서 $n=-1$인 경우

$$\int [f(x)]^{-1} f'(x)\, dx = \int \frac{f'(x)}{f(x)}\, dx = \ln|f(x)| + C$$

예제 7 다음 정적분의 값을 구하시오.

(1) $\displaystyle\int_2^3 \frac{1}{2x-3}\, dx$

(2) $\displaystyle\int_0^1 \frac{5x}{x^2+1}\, dx$

(3) $\displaystyle\int_0^{\frac{\pi}{4}} \tan x\, dx$

(4) $\displaystyle\int_0^{\frac{\pi}{4}} \cot x\, dx$

(5) $\displaystyle\int_0^{\frac{\pi}{2}} \sec x\, dx$

(6) $\displaystyle\int_0^{\frac{\pi}{2}} \csc x\, dx$

[형태 8] $\displaystyle\int e^x\, dx = e^x + C$

예제 8 다음 정적분의 값을 구하시오.

(1) $\displaystyle\int_0^1 e^x\, dx$

(2) $\displaystyle\int_{-1}^1 e^x\, dx$

[형태 9] $\displaystyle\int f'(x)e^{f(x)}\,dx = e^{f(x)} + C$

예제 9 다음 정적분의 값을 구하시오.

(1) $\displaystyle\int_0^1 e^{-x}\,dx$

(2) $\displaystyle\int_0^1 e^{2x+1}\,dx$

(3) $\displaystyle\int_0^1 xe^{x^2+1}\,dx$

(4) $\displaystyle\int_0^1 \frac{e^x + e^{-x}}{2}\,dx$

(5) $\displaystyle\int_0^{\frac{\pi}{2}} \cos x\, e^{\sin x}\,dx$

(6) $\displaystyle\int_1^2 \frac{e^{\ln x}}{x}\,dx$

[형태 10] $\displaystyle\int a^x\,dx = \frac{1}{\ln a}a^x + C$

예제 10 다음 정적분의 값을 구하시오.

(1) $\displaystyle\int_0^1 3^x\,dx$

(2) $\displaystyle\int_{-1}^1 5^x\,dx$

[형태 11] $\displaystyle\int f'(x)a^{f(x)}\,dx = \frac{1}{\ln a}a^{f(x)} + C$

예제 11 다음 정적분의 값을 구하시오.

(1) $\displaystyle\int_0^1 3^{-x}\,dx$

(2) $\displaystyle\int_0^1 3^{2x+1}\,dx$

(3) $\displaystyle\int_0^1 x3^{x^2+1}\,dx$

(4) $\displaystyle\int_0^1 \frac{3^x + 3^{-x}}{2}\,dx$

(5) $\displaystyle\int_0^{\frac{\pi}{2}} \cos x\, 3^{\sin x}\, dx$ (6) $\displaystyle\int_1^2 \frac{3^{\ln x}}{x}\, dx$

[형태 12] $\displaystyle\int \frac{f'(x)}{\sqrt{1-[f(x)]^2}} = \sin^{-1} f(x) + C$

예제 12   다음 정적분의 값을 구하시오.

(1) $\displaystyle\int_0^1 \frac{1}{\sqrt{1-x^2}}\, dx$ (2) $\displaystyle\int_0^1 \frac{1}{\sqrt{4-x^2}}\, dx$

(3) $\displaystyle\int_0^{\frac{\pi}{2}} \sqrt{1-x^2}\, dx$ (4) $\displaystyle\int_0^{\frac{\pi}{2}} \sqrt{4-x^2}\, dx$

[형태 13] $\displaystyle\int \frac{f'(x)}{1+[f(x)]^2} = \tan^{-1} f(x) + C$

예제 13   다음 정적분의 값을 구하시오.

(1) $\displaystyle\int_0^1 \frac{1}{1+x^2}\, dx$ (2) $\displaystyle\int_0^2 \frac{1}{4+x^2}\, dx$

예제 14 다음 정적분의 값을 구하시오.

(1) $\displaystyle\int_0^{\frac{\pi}{4}} x\sin x\,dx$

(2) $\displaystyle\int_0^{\frac{\pi}{4}} x\cos x\,dx$

(3) $\displaystyle\int_0^1 xe^x\,dx$

(4) $\displaystyle\int_1^2 x\ln x\,dx$

(5) $\displaystyle\int_0^{\frac{\pi}{4}} x^2\sin x\,dx$

(6) $\displaystyle\int_0^{\frac{\pi}{4}} x^2\cos x\,dx$

(7) $\displaystyle\int_0^1 x^2 e^x\,dx$

(8) $\displaystyle\int_1^2 x^2\ln x\,dx$

(9) $\displaystyle\int_1^2 \ln x\,dx$

(10) $\displaystyle\int_1^2 \sin^{-1} x\,dx$

(11) $\displaystyle\int_1^2 \tan^{-1} x\,dx$

[형태 15] $\displaystyle\int \frac{1}{AB}\,dx = \frac{1}{B-A}\int\left[\frac{1}{A} - \frac{1}{B}\right]dx$ 단 $A < B$

예제 15 다음 정적분의 값을 구하시오.

(1) $\displaystyle\int_0^1 \frac{1}{(x-2)(x+1)}\,dx$

(2) $\displaystyle\int_3^4 \frac{1}{x^2-x-2}\,dx$

(3) $\displaystyle\int_0^{\frac{1}{4}} \frac{1}{4x^2-1}\,dx$

(4) $\displaystyle\int_0^{\frac{1}{5}} \frac{1}{9x^2-1}\,dx$

1.2 정적분과 무한급수와의 관계

무한급수를 정적분으로 고치는 방법

(1) $\displaystyle \lim_{n \to \infty} \sum_{k=1}^{n} f\left(a + \frac{(b-a)k}{n}\right)\frac{b-a}{n} = \int_{a}^{b} f(x)\,dx$

(2) $\displaystyle \lim_{n \to \infty} \sum_{k=1}^{n} f\left(a + \frac{(b-a)k}{n}\right)\frac{b-a}{n} = (b-a)\int_{0}^{1} f[a + (b-a)x]\,dx$

참고 정적분은 무한급수의 개념

예제 16 다음 무한급수의 값을 구하시오.

단, 무한급수를 2가지 표현을 사용하여 정적분으로 나타내시오.

(1) $\displaystyle \lim_{n \to \infty} \sum_{k=1}^{n} \left(1 + \frac{2k}{n}\right)^2 \frac{2}{n}$
　　　　　　　　(2) $\displaystyle \lim_{n \to \infty} \sum_{k=1}^{n} \left(1 + \frac{2k}{n}\right)^2 \frac{1}{n}$

(3) $\displaystyle \lim_{n \to \infty} \sum_{k=1}^{n} \left(1 + \frac{k}{n}\right)^2 \frac{2}{n}$
　　　　　　　　(4) $\displaystyle \lim_{n \to \infty} \sum_{k=1}^{n} \left(1 + \frac{2k}{n}\right)^2 \frac{3}{n}$

(5) $\displaystyle \lim_{n \to \infty} \sum_{k=1}^{n} \left(1 + \frac{3k}{n}\right)^2 \frac{2}{n}$
　　　　　　　　(6) $\displaystyle \lim_{n \to \infty} \sum_{k=1}^{n} \left(2 + \frac{3k}{n}\right)^2 \frac{4}{n}$

예제 17 다음 정적분을 무한급수로 표현하시오.

(1) $\displaystyle \int_{1}^{2} 3\,dx$
　　　　　　　　(2) $\displaystyle \int_{2}^{5} x^2\,dx$

(3) $\displaystyle \int_{1}^{3} x^5\,dx$
　　　　　　　　(4) $\displaystyle \int_{1}^{2} (2x+1)\,dx$

예제 18 다음 정적분의 아래 끝을 "0", 위 끝을 "1"이 되는 정적분으로 나타내시오.

(1) $\displaystyle\int_{1}^{2} 3\,dx$

(2) $\displaystyle\int_{2}^{5} x^2\,dx$

(3) $\displaystyle\int_{1}^{3} x^5\,dx$

(4) $\displaystyle\int_{1}^{2} (2x+1)\,dx$

1.3 정적분의 성질

[성질 1] $\displaystyle\int_{a}^{a} f(x)\,dx = 0$

예제 19 다음 정적분의 값을 구하시오.

(1) $\displaystyle\int_{1}^{1} x^2\,dx$

(2) $\displaystyle\int_{\frac{\pi}{2}}^{\frac{\pi}{2}} \cos x\,dx$

[성질 2] $f(x) \geq 0$ 이면, $\displaystyle\int_{a}^{b} f(x)\,dx \geq 0$

예제 20 다음 정적분의 값을 구하시오.

(1) $\displaystyle\int_{1}^{2} x^2\,dx$

(2) $\displaystyle\int_{-\frac{\pi}{2}}^{\frac{\pi}{2}} \cos x\,dx$

[성질 3] $\displaystyle\int_a^b f(x)dx = -\int_b^a f(x)dx$ 단, $a < b$

예제 21 다음 정적분의 값을 구하시오.

(1) $\displaystyle\int_1^2 xdx$ (2) $\displaystyle\int_2^1 xdx$

[성질 4] $\displaystyle\int_a^b f(x)dx = \int_a^c f(x)dx + \int_c^b f(x)dx$ 단, $a < c < b$

예제 22 다음 정적분의 값을 구하시오.

(1) $\displaystyle\int_0^2 3x^2 dx$ (2) $\displaystyle\int_0^1 3x^2 dx$ (3) $\displaystyle\int_1^2 3x^2 dx$

[성질 5] $\displaystyle\int_{-a}^a f(x)dx = 2\int_0^a f(x)dx$ 단, $f(x)$는 우함수

참고 우함수 : $f(-x) = f(x)$인 함수 $f(x)$를 말한다.

예제 23 $f(x)$, $g(x)$가 우함수 일 때, 다음을 증명하시오.

(1) $f(x) + g(x)$는 우함수이다.

(2) $f(x) - g(x)$는 우함수이다.

(3) $f(x) \times g(x)$는 우함수이다.

(4) $f(x) \div g(x)$는 우함수이다.

예제 24 다음 정적분의 값을 구하시오.

(1) $\displaystyle\int_{-1}^{1} 3x^2 dx$ (2) $\displaystyle\int_{0}^{1} 3x^2 dx$

(3) $\displaystyle\int_{-1}^{1} (5x^4 + 2) dx$ (4) $\displaystyle\int_{-\frac{\pi}{2}}^{\frac{\pi}{2}} \cos x\, dx$

[성질 6] $\displaystyle\int_{-a}^{a} f(x) dx = 0$ 단, $f(x)$는 기함수

참고 기함수 : $f(-x) = -f(x)$인 함수 $f(x)$를 말한다.

예제 25 $f(x),\ g(x)$가 기함수 일 때, 다음을 증명하시오.
(1) $f(x) + g(x)$는 우함수이다.
(2) $f(x) - g(x)$는 우함수이다.

예제 26 $f(x),\ g(x)$가 기함수 일 때, 다음을 증명하시오.
(1) $f(x) \times g(x)$는 우함수이다.
(2) $f(x) \div g(x)$는 우함수이다.

예제 27 다음 정적분의 값을 구하시오.

(1) $\displaystyle\int_{-1}^{1} x\, dx$ (2) $\displaystyle\int_{-1}^{1} 3x\, dx$

(3) $\displaystyle\int_{-1}^{1} (5x^3 + 2x) dx$ (4) $\displaystyle\int_{-\frac{\pi}{2}}^{\frac{\pi}{2}} \sin x\, dx$

[성질 7] 적분의 평균값정리($Mean\ Value\ Theorem$)

함수 $y = f(x)$가 폐구간 $[a, b]$에서 연속이면, $\displaystyle\int_a^b f(x)dx = f(c)(b-a)$인

조건을 만족하는 c가 개구간 (a, b)에 적어도 하나 존재한다.

참고 미분의 평균값정리($Mean\ Value\ Theorem$)

함수 $y = f(x)$가 폐구간 $[a, b]$에서 연속이고, 개구간 (a, b)에서 미분가능하면

$\dfrac{f(b) - f(a)}{b - a} = f'(c)$인 조건을 만족하는 c가 개구간 (a, b)에 적어도 하나 존재

한다.

예제 28 다음 주어진 구간에서 미분의 평균값정리가 만족되는가를 보이고,
평균값정리를 만족하는 c 의 값을 구하시오.

(1) $f(x) = x^2 - 2x$ $[1, 2]$

(2) $f(x) = \dfrac{1}{x}$ $[1, 3]$

예제 29 다음 주어진 구간에서 적분의 평균값정리를 만족하는 c의 값을 구하시
오.

(1) $\displaystyle\int_1^2 3x^2 dx$ $[1, 2]$

(2) $\displaystyle\int_0^4 (x^2 + x - 6)dx$ $[0, 4]$

1.4 이상적분(Improper integral)

> **[TYPE 1]** **$[a, \infty)$에서의 이상적분**
>
> 함수 $y = f(x)$가 유계하지 않은 구간 $[a, \infty)$에서 연속이라고 할 때,
>
> $$\int_a^\infty f(x)dx = \lim_{b \to \infty} \int_a^b f(x)dx = L(수렴)하면, \quad \int_a^\infty f(x)dx = L로 \ 수렴한다고$$
>
> 한다.

참고 이상적분은 정적분과 극한의 기본 개념이 결합한 적분

예제 30 다음 함수의 극한값을 구하시오.

(1) $\displaystyle\lim_{x \to \infty} \frac{1}{x}$

(2) $\displaystyle\lim_{x \to -\infty} \frac{1}{x}$

(3) $\displaystyle\lim_{x \to 0^+} \frac{1}{x}$

(4) $\displaystyle\lim_{x \to 0^-} \frac{1}{x}$

예제 31 다음 함수의 극한값을 구하시오.

(1) $\displaystyle\lim_{x \to \infty} e^x$

(2) $\displaystyle\lim_{x \to -\infty} e^x$

(3) $\displaystyle\lim_{x \to \infty} e^{-x}$

(4) $\displaystyle\lim_{x \to -\infty} e^{-x}$

예제 32 다음 함수의 극한값을 구하시오.

(1) $\displaystyle\lim_{x \to \infty} \ln x$

(2) $\displaystyle\lim_{x \to 0^+} \ln x$

(3) $\displaystyle\lim_{x \to \infty} (-\ln x)$

(4) $\displaystyle\lim_{x \to 0^+} (-\ln x)$

예제 33　다음 이상적분을 구하시오.

(1) $\displaystyle\int_{1}^{\infty} e^{-x}\,dx$

(2) $\displaystyle\int_{1}^{\infty} \frac{1}{x}\,dx$

(3) $\displaystyle\int_{1}^{\infty} \frac{1}{x^2}\,dx$

(4) $\displaystyle\int_{0}^{\infty} \frac{1}{x^2+1}\,dx$

[$TYPE\ 2$] $(-\infty, b]$에서의 이상적분

함수 $y=f(x)$가 유계하지 않은 구간 $(-\infty, b]$에서 연속이라고 할 때,

$\displaystyle\int_{-\infty}^{b} f(x)\,dx = \lim_{a\to-\infty}\int_{a}^{b} f(x)\,dx = L$(수렴)하면, $\displaystyle\int_{-\infty}^{b} f(x)\,dx = L$로 수렴한다

고 한다.

예제 34　다음 이상적분을 구하시오.

(1) $\displaystyle\int_{-\infty}^{0} e^{x}\,dx$

(2) $\displaystyle\int_{-\infty}^{-1} \frac{1}{x}\,dx$

(3) $\displaystyle\int_{-\infty}^{-1} \frac{1}{x^2}\,dx$

(4) $\displaystyle\int_{-\infty}^{0} \frac{1}{x^2+1}\,dx$

[$TYPE\ 3$] $(-\infty, \infty)$에서의 이상적분

함수 $y=f(x)$가 유계하지 않은 구간 $(-\infty, \infty)$에서 연속이라고 할 때,

두 개의 이상적분 $\displaystyle\int_{-\infty}^{b} f(x)\,dx$과 $\displaystyle\int_{a}^{\infty} f(x)\,dx$이 각각 수렴하는 경우

$\displaystyle\int_{-\infty}^{\infty} f(x)\,dx$이 수렴한다고 한다.

참고　적분의 성질 $\displaystyle\int_{-\infty}^{\infty} f(x)\,dx = \int_{-\infty}^{b} f(x)\,dx + \int_{a}^{\infty} f(x)\,dx$

예제 35 다음 이상적분을 구하시오.

(1) $\displaystyle\int_{-\infty}^{\infty} e^x dx$
(2) $\displaystyle\int_{-\infty}^{\infty} \frac{1}{x^2+1} dx$

[$TYPE\ 4$] $[a,b)$ 또는 $(a,b]$에서의 이상적분

첫째, 함수 $y=f(x)$가 유계하지 않은 구간 $[a,b)$에서 연속이라고 할 때,

$$\int_a^b f(x)dx = \lim_{c \to b^-} \int_a^c f(x)dx = L(\text{수렴})\text{이면}, \quad \int_a^b f(x)dx = L \text{ 수렴한다고}$$

한다.

둘째, 함수 $y=f(x)$가 유계하지 않은 구간 $(a,b]$에서 연속이라고 할 때,

$$\int_a^b f(x)dx = \lim_{c \to a^+} \int_c^b f(x)dx = L(\text{수렴})\text{이면}, \quad \int_a^b f(x)dx = L \text{ 수렴한다고}$$

한다.

예제 36 다음 이상적분을 구하시오.

(1) $\displaystyle\int_0^1 \frac{1}{x} dx$
(2) $\displaystyle\int_0^1 \frac{1}{x^2} dx$

(3) $\displaystyle\int_{-1}^0 \frac{1}{x^2} dx$
(4) $\displaystyle\int_0^1 (1-x)^{-\frac{2}{3}} dx$

[$TYPE\ 5$] $[a,b]$에서의 이상적분

함수 $y=f(x)$가 $[a,b]$에서 $x=c\ (a<c<b)$를 제외한 모든 점에서 연속이라고 할

때, $\displaystyle\int_a^b f(x)dx = \int_a^c f(x)dx + \int_c^b f(x)dx$이므로 $\displaystyle\int_a^c f(x)dx$와 $\displaystyle\int_c^b f(x)dx$가 각각

수렴할 때, $\displaystyle\int_a^b f(x)dx$이 수렴한다고 한다.

다음 이상적분을 구하시오.

(1) $\displaystyle\int_{-1}^{1} \frac{1}{x^2}\,dx$ (2) $\displaystyle\int_{1}^{4} \frac{1}{(x-3)^2}\,dx$

[Notice] 오답 사례

$$\int_{-1}^{1} \frac{1}{x^2}\,dx = \int_{-1}^{1} x^{-2}\,dx = \left[-\frac{1}{x}\right]_{-1}^{1} = -1+1 = 0$$

02 정적분의 응용

2.1 넓이

곡선과 x축 사이의 넓이

함수 $y = f(x)$가 $[a,b]$에서 연속이고,
곡선 $y = f(x)$와 $x = a$, $x = b$로 둘러싸인 부분의 넓이(S)

$$S = \int_a^b |f(x)|\, dx$$

(1) $f(x) \geq 0$일 때 $\quad S = \int_a^b f(x)\, dx$

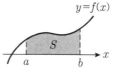

(2) $f(x) < 0$일 때 $\quad S = \int_a^b [-f(x)]\, dx$

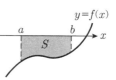

참고 주어진 구간 $[a,b]$에서 $y = f(x)$의 부호 확인

예제 38 포물선과 x축, 그리고 주어진 구간에 둘러싸인 부분의 넓이를 구하시오.

(1) $y = x^2 - 2x$ $\quad$ $[2, 3]$ $\qquad$ (2) $y = x^2 - 2x$ $\qquad$ $[1, 2]$

(3) $y = x^2 - 2x$ $\quad$ $[1, 3]$ $\qquad$ (4) $y = x^3 + x^2 - 2x$ $\quad$ $[-1, 1]$

함수 $x = g(y)$가 $[a,b]$에서 연속이고,
곡선 $x = g(y)$와 $y = a$, $y = b$로 둘러싸인 부분의 넓이(S)

$$S = \int_a^b |g(y)| \, dy$$

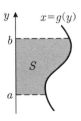

(1) $g(y) \geq 0$일 때 $S = \int_a^b g(y) \, dy$

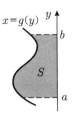

(2) $g(y) < 0$일 때 $S = \int_a^b [-g(y)] \, dy$

예제 39 포물선과 y축, 그리고 주어진 구간에 둘러싸인 부분의 넓이를 구하시오.

(1) $x = y^2 - 2y$ $[2, 3]$

(2) $x = y^2 - 2y$ $[1, 2]$

(3) $x = y^2 - 2y$ $[1, 3]$

두 곡선으로 둘러싸인 부분의 넓이

함수 $y = f(x)$, $y = g(x)$로 둘러싸인 부분의 넓이(S)

$$S = \int_a^b |f(x) - g(x)| \, dx$$

$$= \text{위쪽 함수} - \text{아래쪽 함수}$$

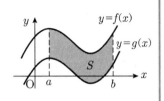

참고 주어진 구간에서 $f(x)$와 $g(x)$의 대소 비교

예제 40 포물선 $y = x^2$과 직선 $y = x$ 로 둘러싸인 부분의 넓이를 구하시오.

풀이 첫째, 주어진 포물선과 직선의 교점을 구한다.

$$x^2 = x \ \Rightarrow \ x^2 - x = 0 \ \Rightarrow \ x(x-1) = 0$$
$$\Rightarrow \ x = 0, 1 \ \Rightarrow \ [0,1]$$

둘째, 구간 $[0,1]$에서 주어진 포물선과 직선의 대소 비교

$x = \dfrac{1}{2}$ 대입

$$y = x^2 = (\frac{1}{2})^2 = \frac{1}{4} \ < \ y = x = \frac{1}{2} \ \Rightarrow \ x \geq x^2$$

셋째, 둘러싸인 부분의 넓이(S)

$$S = \int_0^1 (x - x^2)dx = [\frac{1}{2}x^2 - \frac{1}{3}x^3]_0^1 = \frac{1}{2} - \frac{1}{3} = \frac{1}{6}$$

예제 41 다음 두 곡선(또는 직선)으로 둘러싸인 부분의 넓이를 구하시오.

(1) $y = x^2$과 $y = \sqrt{x}$

(2) $y = \sqrt{x}$ 과 $y = x$

(3) $y = x^3$과 $y = x$

(4) $y = \sin x$와 $y = \cos x$　　단, $0 \leq x \leq \pi$

(5) $y = e^x$와 $y = \ln x$

두 곡선으로 둘러싸인 부분의 넓이

함수 $x = f(y)$, $x = g(y)$로 둘러싸인 부분의 넓이(S)

$$S = \int_a^b |f(y) - g(y)|dy$$

$= $ 오른쪽 함수 $-$ 왼쪽 함수

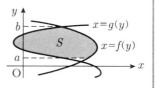

2.2 부피

구간 $[a,b]$ 의 임의의 점 x 에서 수직인 평면으로 자른
단면의 넓이가 $S(x)$ 인 입체도형의 부피 V

$$V = \int_a^b S(x)dx \quad \text{단, } S(x)\text{는 } [a,b]\text{에서 연속}$$

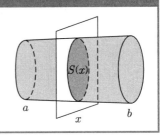

참고 기본적인 도형의 넓이 및 부피는 구할 수 있어야 함.

예제 42 어떤 물 컵에 물을 부으면 물의 깊이가 x cm일 때 수면의 넓이는 $2\sqrt{x}$ cm^2 이라고 한다. 물의 깊이가 3 cm일 때 물 컵에 담긴 물의 부피를 구하여라.

풀이 문제로부터 단면의 넓이 $S(x) = 2\sqrt{x}$ 이므로, 구하는 부피는 다음과 같다.

$$V = \int_0^3 2\sqrt{x}\, dx = [x^{-\frac{1}{2}}]_0^3 = \frac{1}{\sqrt{3}}$$

예제 43 밑면의 반지름이 r 이고, 높이가 h 인 원뿔의 부피를 구하시오.

원뿔의 모양 x 축에 비교

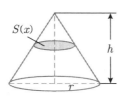
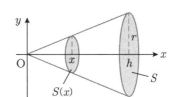

풀이 첫째, x 축에 수직인 평면 $[S(x)]$ 으로 자르면, $S(x)$ 는 원이 된다는 것을 알 수 있다.

둘째, 구간 $[0, h]$에서 임의의 점 x에서의 단면의 넓이를 $S(x)$라 하고, $x = h$에서의 넓이를 S라 하면, $S = \pi r^2$임을 알 수 있다.

따라서 닮은비를 이용하여 넓이의 비는 길이의 제곱의 비와 같으므로

$$S(x) : S = x^2 : h^2 \implies S(x) = \frac{x^2}{h^2}S = \frac{x^2}{h^2}\pi r^2 = \frac{\pi r^2}{h^2}x^2$$

셋째, 구하는 부피는 다음과 같다.

$$V = \int_a^b S(x)dx = \int_0^h \frac{\pi r^2}{h^2}x^2 dx = \frac{\pi r^2}{h^2}\int_0^h x^2 dx = \frac{1}{3}\pi r^2 h$$

예제 44 밑면의 한 변 길이가 a이고, 높이가 h인 정사각뿔의 부피를 구하시오.

정사각뿔의 모양 x축에 비교

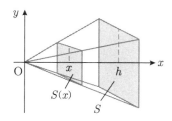

회전체의 이해

회전체란 어떤 함수를 회전축을 중심으로 회전하여 얻은 입체도형

원기둥(cylinder)   원뿔(cone)   구(sphere)   원뿔대(circularcone)

참고 회전축에 수직인 평면으로 자른 단면은 원이 된다.

x축을 중심으로 회전시킨 회전체의 부피(V_x)

구간 $[a,b]$에서 x축에 수직인 평면으로 자른 단면의 넓이가 $S(x)$인 입체도형의 부피 V_x

$$V = \int_a^b S(x)dx$$

$$= \int_a^b \pi\{f(x)\}^2 dx$$

참고 회전축을 x축으로 정했다면 변수 x에 대한 단면적 $S(x)$

회전축을 y축으로 정했다면 변수 y에 대한 단면적 $S(y)$

예제 45 다음 회전체의 부피(V_x)를 구하시오.

(1) $y = x$와 $x = 0$, $x = 2$로 둘러싸인 도형을 x축 둘레로 회전하여 생기는 회전체의 부피

(2) $y = x^2$와 $x = 0$, $x = 1$로 둘러싸인 도형을 x축 둘레로 회전하여 생기는 회전체의 부피

(3) $y = \sqrt{x}$와 $x = 0$, $x = 1$로 둘러싸인 도형을 x축 둘레로 회전하여 생기는 회전체의 부피

예제 46 다음 회전체의 부피(V_y)를 구하시오.

(1) $y = \dfrac{1}{x}$와 $y = 1$, $y = 2$로 둘러싸인 도형을 y축 둘레로 회전하여 생기는 회전체의 부피

(2) $y = x^2$와 $y = 1$, $y = 2$로 둘러싸인 도형을 y축 둘레로 회전하여 생기는 회전체의 부피

2.3 길이(Length)

매개곡선 C를 $x = f(t)$, $y = g(t)$라 하고, $a \le t \le b$인 매개 변수 방정식이라고 정의할 때, $f'(t)$, $g'(t)$는 구간 $[a,b]$에서 연속이고, $f'(t) \ne 0$, $g'(t) \ne 0$이며 $t = a$에서 $t = b$까지 증가하면서 정확하게 한번 만 지나간다면 매개곡선의 길이

$$L = \int_a^b \sqrt{[f'(t)]^2 + [g'(t)]^2}\, dt$$

예제 47 다음 주어진 구간에서 매개곡선의 길이를 구하시오.

$$x = \sqrt{2}\, t^2, \ y = \frac{1}{3}t^3 - 2t \quad 단, \ 0 \le t \le 1$$

풀이 $x = \sqrt{2}\, t^2$에서 $f'(t) = \dfrac{dx}{dt} = 2\sqrt{2}\, t$이며, $y = \dfrac{1}{3}t^3 - 2t$에서

$$g'(t) = \frac{dy}{dt} = t^2 - 2$$

이므로, $f'(t)$, $g'(t)$는 구간 $[0,1]$에서 연속이고, $f'(t) \ne 0$, $g'(t) \ne 0$ 이다.
그러므로

$$
\begin{aligned}
L &= \int_0^1 \sqrt{[f'(t)]^2 + [g'(t)]^2}\, dt \\
&= \int_0^1 \sqrt{(2\sqrt{2}\, t)^2 + (t^2 - 2)^2}\, dt \\
&= \int_0^1 \sqrt{8t^2 + t^4 - 4t^2 + 4}\, dt = \int_0^1 \sqrt{(t^2 + 2)^2}\, dt \\
&= \int_0^1 (t^2 + 2)\, dt = \left[\frac{1}{3}t^3 + 2t\right]_0^1 = \frac{1}{3} + 2 = \frac{7}{3}
\end{aligned}
$$

예제 48 다음 주어진 구간에서 매개곡선의 길이를 구하시오.

(1) $x = t^3$, $y = \dfrac{3}{2}t^2$ 단, $0 \le t \le \sqrt{3}$

(2) $x = \ln t$, $y = \dfrac{1}{2}\left(t + \dfrac{1}{t}\right)$ 단, $\dfrac{1}{e} \le t \le e$

(3) $x = 3\sin t$, $y = 2 - 3\cos t$ 단, $0 \le t \le \pi$

(4) $x = 4e^{\frac{t}{2}}$, $y = e^t - t$ 단, $0 \le t \le 3$

곡선의 길이①

함수 $y = f(x)$가 구간 $[a, b]$에서 연속이고, 곡선 위의 두 점 $(a, f(a))$, $(b, f(b))$을 이은 곡선의 길이

$$L = \int_a^b \sqrt{1 + [f'(x)]^2}\, dx$$

참고 $x = g(y)$인 경우도 유사함.

예제 49 $y = 2x + 1$ 위의 두 점 $(0, 1)$, $(1, 3)$은 이은 선분의 길이를 구하시오.

예제 50 다음 주어진 구간에서 곡선의 길이를 구하시오.

(1) $y = \ln(\cos x)$ 단, $0 \le x \le \dfrac{\pi}{4}$

(2) $y = \dfrac{1}{6}x^3 + \dfrac{1}{2x}$ 단, $1 \le x \le 2$

(3) $y = \dfrac{e^x + e^{-x}}{2}$ 단, $0 \le x \le 2$

행 렬
(Matrix)

1. 행렬과 행렬의 성질

01 행렬과 행렬의 성질

1.1 행렬의 정의

행렬의 정의

$m \times n$개의 수를 직사각형모양으로 배열하고 ( ) 또는 [ ]로 묶어서 이것을 (m,n) 행렬 또는 $m \times n$ 행렬(m by n matrix)이라고 부른다.

〈기호〉 영어의 대문자 : $A, B, C, \cdots$

$$A = \begin{pmatrix} a_{11} & a_{12} & a_{13} & \cdots & a_{1n} \\ a_{21} & a_{22} & a_{23} & \cdots & a_{2n} \\ \vdots & \vdots & \vdots & \vdots & \vdots \\ a_{m1} & a_{m2} & a_{m3} & \cdots & a_{mn} \end{pmatrix} = \{(a_{ij}) \mid i = 1,2,3,\cdots,m, \ j = 1,2,3,\cdots,n\}$$

$$= (a_{ij})_{m \times n} = Mat_{m \times n}(R) \qquad 단, \ R은 \ 실수$$

참고 a_{ij} : 행렬 A에서 제i 행, 제 j 열의 한 성분

예제 1 행렬 A가 다음과 같을 때, 다음 물음에 답하시오.

$$A = \begin{pmatrix} 1 & -1 & 0 \\ 3 & 2 & 1 \end{pmatrix}$$

(1) 주어진 행렬은 어떤 행렬인가?

(2) a_{12}, a_{21}, a_{13} 성분을 각각 구하시오.

예제 2 아래의 표는 성적의 기준이 되는 중간고사, 기말고사, 과제점수를 표로 나타낸 성적이다. 여기에서 다른 것을 고려하지 않고 수만 따로 배열하여 (　　)로 표기하면 3×3 행렬을 얻을 수 있다는 것을 알 수 있다. 다음 물음에 답하시오.

이름	중간	기말	과제
철이	80	90	85
영이	95	70	75
순이	90	85	80

(1) 3×3 행렬로 표현하시오.

(2) a_{12}, a_{21}, a_{13} 성분을 각각 구하시오.

(3) 제2행을 구하시오.(행 벡터)

(4) 제3열을 구하시오.(열 벡터)

정방행렬의 정의

$Mat_{m \times n}(R)$ 행렬에서 $m = n$(행의 수 = 열의 수)일 때 정방행렬

〈기호〉 $A = Mat_{n \times n}(R) = M_n(R)$

참고 일반적으로 2×2 행렬과 3×3 행렬을 많이 다룸

---

n차 단위행렬(nth degree identity matrix)의 정의

$$a_{ij} = \begin{cases} 1, & i = j \\ 0, & i \neq j \end{cases}$$

〈기호〉 I 또는 E

행렬의 모든 성분이 "0"인 행렬

〈기호〉 O

2×2 행렬과 3×3 행렬의 표현

(1) 2×2 행렬

$$M_2(R) = \{a_{ij} \mid i, j = 1, 2\} \text{ 또는 } A = \begin{pmatrix} a_{11} \ a_{12} \\ a_{21} \ a_{22} \end{pmatrix} \text{ , 단위행렬 } E = \begin{pmatrix} 1 \ 0 \\ 0 \ 1 \end{pmatrix}$$

(2) 3×3 행렬

$$M_3(R) = \{a_{ij} \mid i, j = 1, 2, 3\} \text{ 또는 } A = \begin{pmatrix} a_{11} \ a_{12} \ a_{13} \\ a_{21} \ a_{22} \ a_{23} \\ a_{31} \ a_{32} \ a_{33} \end{pmatrix} \text{ , 단위행렬 } E = \begin{pmatrix} 1 \ 0 \ 0 \\ 0 \ 1 \ 0 \\ 0 \ 0 \ 1 \end{pmatrix}$$

1.2 행렬의 상등

두 행렬 A와 B는 상등(equally)

두 행렬 $A = (a_{ij})_{m \times n}$, $B = (b_{ij})_{p \times q}$에 대하여

(1) 두 행렬 $A = (a_{ij})_{m \times n}$, $B = (b_{ij})_{p \times q}$의 행의 수와 열의 수가 같고$[m = p, n = q]$

(2) $a_{ij} = b_{ij}$

〈기호〉 $A = B$

참고 행렬의 유형 비교

예제 3 다음 두 행렬이 같을 때, a + b 의 값을 구하시오.

$$A = \begin{pmatrix} 1-1 & 0 \\ 3 & 2 & 1 \end{pmatrix} \qquad B = \begin{pmatrix} a-1 & 0 \\ 3 & b & 1 \end{pmatrix}$$

1.3 행렬의 기본 연산

행렬의 덧셈과 뺄셈

상등인 두 행렬 $A = (a_{ij})$, $B = (b_{ij})$에 대하여 $A \pm B = (a_{ij} \pm b_{ij})$인 행렬

예제 4 다음 두 행렬의 합$(A + B)$과 차$(A - B)$를 각각 구하시오.

(1) $A = \begin{pmatrix} 2 & -3 \\ 3 & 1 \end{pmatrix}$, $B = \begin{pmatrix} 2 & 1 \\ 1 & 3 \end{pmatrix}$

(2) $A = \begin{pmatrix} 3 & -2 & 1 \\ -2 & 1 & -3 \\ 4 & 3 & -2 \end{pmatrix}$, $B = \begin{pmatrix} 2 & -1 & 0 \\ 2 & -1 & -2 \\ 3 & 1 & 2 \end{pmatrix}$

(3) $A = \begin{pmatrix} 1 & -1 & 0 \\ 3 & 2 & 1 \end{pmatrix}$, $B = \begin{pmatrix} 2 & 1 \\ 1 & 3 \end{pmatrix}$

행렬의 덧셈에 대한 성질

상등인 행렬 $A = (a_{ij})$, $B = (b_{ij})$, $C = (c_{ij})$에 대하여

(1) $A + B = B + A$ 덧셈의 교환법칙

(2) $(A + B) + C = A + (B + C)$ 덧셈의 결합법칙

(3) $A + O = A = O + A$ 덧셈에 대한 항등원 : O

(4) $A + (-A) = (-A) + A = O$ 덧셈에 대한 역원 : $-A$

예제 5 행렬 A, B, C가 다음과 같을 때, 주어진 행렬 A, B, C의 덧셈에 대한 항등원과 역원을 각각 구하시오.

$$A = \begin{pmatrix} 2 & -3 \\ 3 & 1 \end{pmatrix}, \ B = \begin{pmatrix} 2 & 1 \\ 1 & 3 \end{pmatrix}, \ C = \begin{pmatrix} -2 & 3 \\ 3 & 2 \end{pmatrix}$$

행렬의 실수 배

하나의 상수와 행렬의 곱은 행렬의 각 원소에 상수를 곱한 것으로 정의

〈기호〉 $kA = (ka_{ij})$ 단, k는 실수

예제 6 행렬 A, B가 아래와 같을 때, 다음 각 물음에 답하시오.

$$A = \begin{pmatrix} 2 & -3 \\ 3 & 1 \end{pmatrix}, \ B = \begin{pmatrix} -2 & 3 \\ 3 & 2 \end{pmatrix}$$

(1) $2A$

(2) $-3B$

(3) $3A + 2B$

행렬의 실수배에 관한 성질

행렬 A, B가 덧셈이 가능할 때,

(1) $0A = O$

(2) $kO = O$ 단, k는 실수

(3) $k(A + B) = kA + kB$ 단, k는 실수

(4) $(k + l)A = kA + lA$ 단, k, l은 실수

(5) $(kl)A = k(lA)$ 단, k, l은 실수

행렬 A, B가 아래와 같을 때, 행렬의 실수 배에 관한 성질을 증명하시오.

$$A = \begin{pmatrix} 2 & -3 \\ 3 & 1 \end{pmatrix}, \ B = \begin{pmatrix} -2 & 3 \\ 3 & 2 \end{pmatrix}$$

행렬의 곱에 대한 정의

두 행렬 $A = (a_{ij})_{m \times n}$, $B = (b_{ij})_{p \times q}$가 주어져 있을 때,

두 행렬의 곱 AB의 정의

행렬 $A = (a_{ij})_{m \times n}$의 열의 수$(n)$ = 행렬 $B = (b_{ij})_{p \times q}$의 행의 수$(p)$

두 행렬의 곱 AB의 결과 : $AB = C = (c_{ij})_{m \times q}$

$$\text{단.} \ c_{ij} = a_{i1}b_{1j} + a_{i2}b_{2j} + \cdots + a_{\in}b_{nj} = \sum_{k=1}^{n} a_{ik}b_{kj}$$

참고 앞 행렬의 열의 수와 뒤 행렬의 행의수가 일치하는지 체크

예제 8 다음에 주어진 행렬의 곱셈은 가능한지 체크하시오.

(1) $\begin{pmatrix} a & b \\ c & d \end{pmatrix} \begin{pmatrix} x \\ y \end{pmatrix}$ 　　　(2) $\begin{pmatrix} x \\ y \end{pmatrix} \begin{pmatrix} a & b \\ c & d \end{pmatrix}$ 　　　(3) $\begin{pmatrix} 1 & 2 \\ 2 & 4 \end{pmatrix} \begin{pmatrix} 1 & 2 \\ 4 & 5 \\ 2 & 5 \end{pmatrix}$

예제 9 다음에 주어진 행렬의 곱셈이 가능한 행렬에 대하여 곱셈을 구하시오.

(1) $\begin{pmatrix} -2 \\ 3 \end{pmatrix} (2 \ 1)$ 　　　　(2) $(2 \ 1) \begin{pmatrix} -2 \\ 3 \end{pmatrix}$

(3) $\begin{pmatrix} 2 & -3 \\ 3 & 1 \end{pmatrix} \begin{pmatrix} 2 \\ 3 \end{pmatrix}$ 　　(4) $\begin{pmatrix} 2 \\ 3 \end{pmatrix} \begin{pmatrix} 2 & -3 \\ 3 & 1 \end{pmatrix}$

(5) $\begin{pmatrix} 2 & -3 \\ 3 & 1 \end{pmatrix} \begin{pmatrix} 2 & 1 \\ 1 & 3 \end{pmatrix}$ 　　(6) $\begin{pmatrix} 2 & 1 \\ 1 & 3 \end{pmatrix} \begin{pmatrix} 2 & -3 \\ 3 & 1 \end{pmatrix}$

(7) $\begin{pmatrix} 2 & 1 & 5 \\ 1 & 3 & 2 \end{pmatrix} \begin{pmatrix} 3 & 4 & -1 \\ 2 & 2 & 1 \\ 1 & 0 & 1 \end{pmatrix}$ 　　(8) $\begin{pmatrix} 3 & 4 & -1 \\ 2 & 2 & 1 \\ 1 & 0 & 1 \end{pmatrix} \begin{pmatrix} 2 & 1 & 5 \\ 1 & 3 & 2 \end{pmatrix}$

행렬의 곱에 대한 성질

행렬 A, B, C가 잘 정의된 경우,

    (1) $AB \neq BA$

    (2) $(AB)C = A(BC)$ 곱셈에 대한 결합법칙

    (3) $A(B+C) = AB + AC$ 곱셈에 대한 분배법칙

    (4) $(A+B)C = AC + BC$

    (5) $(kA)B = k(AB) = A(kB)$ 단, k는 실수

예제 10   다음에 주어진 행렬을 이용하여 위의 성질을 증명하시오.

$$A = \begin{pmatrix} a & b \\ c & d \end{pmatrix}, \quad B = \begin{pmatrix} e & f \\ g & h \end{pmatrix}, \quad C = \begin{pmatrix} p & q \\ r & s \end{pmatrix}$$

1.4 전치행렬(transpose matrix)

전치행렬의 정의

행렬 $A = (a_{ij})_{m \times n}$에서 행과 열을 바꾸어 놓은 행렬 $(a_{ji})_{n \times m}$을 말한다.

〈기호〉 A^t 또는 A'

참고   행렬 A의 a_{ij} 성분 = 행렬 A^t의 a_{ji} 성분

예제 11   행렬 A, B가 다음과 같을 때, 다음 물음에 답하시오.

$$A = \begin{pmatrix} 2 & 1 \\ 1 & 3 \end{pmatrix}, \quad B = \begin{pmatrix} 1 & 1 \\ 0 & 1 \end{pmatrix}$$

    (1) A^t (2) B^t

(3) $(AB)^t$ (4) $(BA)^t$

(5) $A^t B^t$ (6) $B^t A^t$

전치행렬의 성질

행렬 A, B와 전치행렬 A^t, B^t에 대하여

(1) $(A^t)^t = A$

(2) $(A + B)^t = A^t + B^t$

(3) $(kA)^t = kA^t$ 단, k는 실수

(4) $(AB)^t = B^t A^t$

예제 12   행렬 A, B가 다음과 같을 때, 위의 사실을 확인하시오.

$$A = \begin{pmatrix} 2 & 1 \\ 1 & 3 \end{pmatrix}, B = \begin{pmatrix} 1 & 1 \\ 0 & 1 \end{pmatrix}$$

1.5   행렬의 거듭제곱

행렬의 거듭제곱의 의미

행렬 A가 정방행렬인 경우, m, n이 정수인 경우

(1) $A^m A^n = A^{m+n}$

(2) $(A^m)^n = A^{mn}$

(3) $E^m = E$

참고   행렬의 거듭제곱은 교환법칙이 만족된다.

예제 13 행렬 A, B와 단위행렬 E에 대하여 다음 물음에 답하시오.

$$A = \begin{pmatrix} 2 & 1 \\ 1 & 3 \end{pmatrix}, \quad B = \begin{pmatrix} 1 & 1 \\ 0 & 1 \end{pmatrix}, \quad E = \begin{pmatrix} 1 & 0 \\ 0 & 1 \end{pmatrix}$$

(1) A^2 (2) E^3

(3) A^3 (4) A^4

(5) AB (6) BA

(7) $A^2 B$ (8) $B^2 A$

행렬의 거듭제곱의 성질

행렬 A와 단위행렬 E에 대하여

(1) $(A+E)^2 = A^2 + 2AE + E^2 = A^2 + 2A + E$

(2) $(A-E)^2 = A^2 - 2AE + E^2 = A^2 - 2A + E$

(3) $(A+E)(A-E) = A^2 - E^2 = A^2 - E$

(4) $(A+E)(A^2 - A + E) = A^3 + E$

(5) $(A-E)(A^2 + A + E) = A^3 - E$

참고 $(AB)^n \neq A^n B^n$

$(A+B)^2 = A^2 + AB + BA + B^2 \neq A^2 + 2AB + B^2$

$(A+B)(A-B) = A^2 + BA - AB - B^2 \neq A^2 - B^2$

케일리-해밀턴 정리(Cayley-Hamilton theorem)

만약 $A = \begin{pmatrix} a & b \\ c & d \end{pmatrix}$이면, $A^2 - (a+d)A + (ad-bc)E = O$이다.

예제 14 행렬 A, B와 단위행렬 E에 대하여 다음 물음에 답하시오.

$$A = \begin{pmatrix} 2 & 1 \\ 1 & 3 \end{pmatrix}, \quad B = \begin{pmatrix} 1 & 1 \\ 0 & 1 \end{pmatrix}, \quad E = \begin{pmatrix} 1 & 0 \\ 0 & 1 \end{pmatrix}$$

(1) $A^2 + A + E$ (2) $B^2 + B + E$

(3) $A^5 + 5E$ (4) $B^5 + 5E$

1.6 역행렬(inverse matrix)

역행렬의 정의

n차 정방행렬 A에 대하여 $AX = XA = E$를 만족하는 행렬 X가 존재할 때, 행렬 A를 정칙행렬(nonsingular matrix) 이라 하고, 이러한 X를 A의 역행렬이라고 한다.

〈기호〉 A^{-1}

예제 15 역행렬의 정의를 이용하여 주어진 행렬의 역행렬이 존재하는지 확인하시오.

(1) $\begin{pmatrix} 2 & 1 \\ 0 & 1 \end{pmatrix}$ (2) $\begin{pmatrix} 2 & 1 \\ 2 & 1 \end{pmatrix}$ (3) $\begin{pmatrix} 1 & 1 \\ 0 & 1 \end{pmatrix}$

예제 16 정방행렬 A의 역행렬 A^{-1}이 존재한다면, A^{-1}은 정방행렬 A에 대하여 하나만 존재한다는 사실을 증명하시오.

증명 A의 역행렬이 X, Y 두 개가 존재한다고 가정하면, 역행렬의 정의에 의하여 $AX = XA = E$, $AY = YA = E$라는 두 개의 식을 얻을 수 있다.

또한, 단위원 E에 대하여 $XE = X = EX$가 된다.

따라서 $X = XE = X(AY) = (XA)Y = EY = Y$ 이다.

그러므로 A의 역행렬이 X, Y 두 개가 존재한다면, $X = Y$가 되어 오직 하나만 존재한다는 것을 알 수 있다.

역행렬의 성질

정방행렬 A, B에 대하여 각각의 역행렬 A^{-1}과 B^{-1}이 존재할 때

(1) $AB = E \Leftrightarrow BA = E \Leftrightarrow A = B^{-1} \Leftrightarrow B = A^{-1}$

(2) $(A^{-1})^{-1} = A$

(3) $(AB)^{-1} = B^{-1}A^{-1}$

(4) $(A^n)^{-1} = (A^{-1})^n$ 단, n은 정수

(5) $(kA)^{-1} = \dfrac{1}{k}A^{-1}$ 단, k는 0이 아닌 실수

참고 단위행렬, 거듭제곱, 역행렬의 공통점 : 정방행렬이며 교환법칙 성립

예제 17 역행렬의 성질에 대하여 증명하시오.

증명 (1) $AB = E \Leftrightarrow BA = E \Leftrightarrow A = B^{-1} \Leftrightarrow B = A^{-1}$

먼저 단위행렬 E에 대하여 $XE = X = EX$임은 잘 알고 있다.

$\rightarrow$) $AB = E$의 양변에 오른쪽에서 A를 곱하면 $(AB)A = EA$이 되며, 곱셈에 대한 결합법칙에 의하여 $(AB)A = A(BA)$가 되며, 단위행렬의 성질에 의하여 $EA = A$가 된다. 따라서 $(AB)A = A(BA) = EA = A$이다.

그러므로 $A(BA) = A$이므로 $BA = E$가 된다는 것을 알 수 있다.

$\leftarrow$) 위와 유사한 방법으로 증명하면 된다.

또한, $AB = E$이므로 역행렬의 정의에 의하여 $B = A^{-1}$이며, 마찬가지로 $BA = E$이므로 $A = B^{-1}$임을 알 수 있다.

(2) $(A^{-1})^{-1} = A$

역행렬의 정의에 의하여 $AA^{-1} = E = A^{-1}A$이며,
$A^{-1}(A^{-1})^{-1} = E$ 이다.

따라서 $(A^{-1})^{-1} = A$이 된다는 것을 알 수 있다.

(3) $(AB)^{-1} = B^{-1}A^{-1}$

역행렬의 정의에 의하여 $(AB)(AB)^{-1} = E$ 이다.

따라서 양변의 왼쪽에서 A^{-1}을 곱하면,

$$A^{-1}(AB)(AB)^{-1} = A^{-1}E$$
$$(A^{-1}A)B(AB)^{-1} = A^{-1}E$$
$$\text{(곱셈의 결합법칙)}$$
$$EB(AB)^{-1} = A^{-1}E = A^{-1}$$
$$(A^{-1}A = E, \ A^{-1}E = A^{-1})$$
$$B(AB)^{-1} = A^{-1} \quad (EB = B)$$

또한 양변의 왼쪽에서 B^{-1}을 곱하면,
$B^{-1}B(AB)^{-1} = B^{-1}A^{-1}$이며

$$E(AB)^{-1} = B^{-1}A^{-1} \quad (B^{-1}B = E)$$
$$(AB)^{-1} = B^{-1}A^{-1} \quad (E(AB)^{-1} = (AB)^{-1})$$

(4) $(A^n)^{-1} = (A^{-1})^n = A^{-n}$, 단, n은 정수

$n = 1$인 경우, 좌변과 우변이 일치하므로 $n = 2$인 경우의
증명에 대하여 설명하면 다음과 같다.

역행렬의 정의에 의하여 $A^2(A^2)^{-1} = E$이며, $A^2 = AA$이다.

따라서 $A^2(A^2)^{-1} = AA(A^2)^{-1} = E$이며,

양변의 왼쪽에서 A^{-1}을 곱하면,

$$A^{-1}(AA)(A^2)^{-1} = A^{-1}E$$
$$(A^{-1}A)A(A^2)^{-1} = A^{-1}E$$
$$\text{(곱셈의 결합법칙)}$$

$$EA(A^2)^{-1} = A^{-1}E = A^{-1}$$

$$(A^{-1}A = E, \ A^{-1}E = A^{-1})$$

$$A(A^2)^{-1} = A^{-1} \qquad (EA = A)$$

따라서 일반적으로 $(A^n)^{-1} = (A^{-1})^n = A^{-n}$이 된다.

(5) $(kA)^{-1} = \dfrac{1}{k}A^{-1}$ 단, k는 0이 아닌 실수

역행렬의 정의에 의하여 $(kA)(kA)^{-1} = E$ 이다.

먼저 양변의 왼쪽에서 $\dfrac{1}{k}$을 곱하면,

$$\frac{1}{k}(kA)(kA)^{-1} = \frac{1}{k}E$$

$(\dfrac{1}{k}k)A(kA)^{-1} = \dfrac{1}{k}E$ 을 정리하면

$$A(kA)^{-1} = \frac{1}{k}E$$

양변의 왼쪽에서 A^{-1}를 곱하면

$$(A^{-1}A)(kA)^{-1} = A^{-1}\frac{1}{k}E$$

$E(kA)^{-1} = \dfrac{1}{k}A^{-1}E = \dfrac{1}{k}A^{-1}$, 정리하면 $(kA)^{-1} = \dfrac{1}{k}A^{-1}$

이다.

예제 18   다음 아래의 사실에 대하여 증명하시오.

(1) $A^2 = E$일 필요충분조건은 $A^{-1} = A$이다.

(2) $A^3 = E$일 필요충분조건은 $A^{-1} = A^2$이다.

(3) $A^2 = O$일 때, $E + A$의 역행렬은 $E - A$ 이다.

(4) $A^3 = O$일 때, $E + A$의 역행렬은 $E - A + A^2$ 이다.

1.7 행렬식(determinant)

호환의 정의

어떤 순열에 있는 두 물건의 순서가 기준 되는 순열에 있는 같은 두 물건의 순서와 반대되는 경우에 그 두 물건 사이에는 하나의 호환 (또는 전도)이 있다고 한다.

우순열(even permutation)

호환을 짝수 번 시행하여 기준순열이 되는 순열

기순열(odd permutation)

호환을 홀수 번 시행하여 기준순열이 되는 순열

예제 19 1, 2, 3을 가지고 만들 수 있는 3자리 자연수 중 기준순열을 123이라고 할 때, 우순열인지 기순열인지 판정하시오.

(1) 231   (2) 312   (3) 321

n차 정방행렬 $A = \begin{pmatrix} a_{11} & a_{12} & a_{13} & \cdots & a_{1n} \\ a_{21} & a_{22} & a_{23} & \cdots & a_{2n} \\ \vdots & \vdots & \vdots & \vdots & \vdots \\ a_{n1} & a_{n2} & a_{n3} & \cdots & a_{nn} \end{pmatrix}$ 에서 각 행의 하나씩의 성분을 택하여 곱을

만들면 $a_{1\alpha}\, a_{2\beta}\, a_{3\gamma} \cdots a_{n\zeta}$와 같은 모양의 식을 얻을 수 있다. 여기서 α, β, γ, $\cdots$, ζ는
1, 2, 3,$\cdots$, n 개의 수로 얻어진 순열 가운데 하나를 나타낸다.
이와 같이 얻어지는 순열이 우순열이면 +부호를, 기순열이면 −부호를 그 곱의 앞에
붙여서 모든 곱을 합한 것을 n차 정방행렬 A의 행렬식(determinant)이라 한다.

〈기호〉 $|A|$ 또는 $\det(A)$

$$\det(A) = |A| = \begin{vmatrix} a_{11} & a_{12} & a_{13} & \cdots & a_{1n} \\ a_{21} & a_{22} & a_{23} & \cdots & a_{2n} \\ \vdots & \vdots & \vdots & \vdots & \vdots \\ a_{n1} & a_{n2} & a_{n3} & \cdots & a_{nn} \end{vmatrix} = \sum \pm (a_{1\alpha}\, a_{2\beta}\, a_{3\gamma} \cdots a_{n\zeta})$$

단, 부호는 α, β, γ, $\cdots$, ζ이 우순열이면 +, 기순열이면 −

참고 2×2 행렬 $A = \begin{pmatrix} a_{11} & a_{12} \\ a_{21} & a_{22} \end{pmatrix}$일 때, 행렬식은 다음과 같다.

$$\det(A) = |A| = \begin{vmatrix} a_{11} & a_{12} \\ a_{21} & a_{22} \end{vmatrix} = a_{11}a_{22} - a_{12}a_{21}$$

예제 20 다음과 같은 행렬이 주어졌을 때, 아래 물음에 답하시오.

$$A = \begin{pmatrix} 1 & 2 \\ 3 & 4 \end{pmatrix}, \quad B = \begin{pmatrix} 1 & 2 \\ 3 & 0 \end{pmatrix}$$

(1) $\det(A)$와 $\det(A^t)$

(2) $|B|$와 $|B^t|$

(3) $\det(A + B)$

(4) $\det(A) + \det(B)$

(5) $|2A|$

(6) $2\det(A)$, $4\det(A)$

(7) $\det(AB)$

(8) $\det(A)\det(B)$

3×3행렬 $A = \begin{pmatrix} a_{11}\,a_{12}\,a_{13} \\ a_{21}\,a_{22}\,a_{23} \\ a_{31}\,a_{32}\,a_{33} \end{pmatrix}$ 일 때,

$$\det(A) = \begin{vmatrix} a_{11}\,a_{12}\,a_{13} \\ a_{21}\,a_{22}\,a_{23} \\ a_{31}\,a_{32}\,a_{33} \end{vmatrix} = (a_{11}\,a_{22}\,a_{33} + a_{12}\,a_{23}\,a_{31} + a_{13}\,a_{21}\,a_{32})$$

$$- (a_{13}\,a_{22}\,a_{31} + a_{12}\,a_{21}\,a_{33} + a_{11}\,a_{23}\,a_{32})$$

참고 $Sarrus$ 공식은 3×3행렬에 대하여만 적용

예제 21 다음과 같은 행렬이 주어졌을 때, 아래 물음에 답하시오.

$$A = \begin{pmatrix} 3 & -2 & 1 \\ -2 & 1 & -3 \\ 4 & 3 & -2 \end{pmatrix}, \quad B = \begin{pmatrix} 1 & 2 & 0 \\ -1 & 0 & 2 \\ 3 & 1 & 1 \end{pmatrix}$$

(1) $\det(A)$와 $\det(A^t)$

(2) $|B|$와 $|B^t|$

(3) $\det(A + B)$

(4) $\det(A) + \det(B)$

(5) $|2A|$

(6) $2\det(A), \ 4\det(A)$

(7) $\det(AB)$

(8) $\det(A)\det(B)$

행렬식의 성질

임의의 n 차 정방행렬 A, B에 대하여, 다음이 성립한다.

(1) $\det(A) = \det(A^t)$

(2) $\det(A + B) \neq \det(A) + \det(B)$

(3) $\det(AB) = \det(A)\det(B)$

(4) $\det(kA) = k^2\det(A)$ 　　　　　단, k는 실수

1.8 소행렬식(minor determinant)과 여인수(cofactor)

(1) $(n-1)$차 정방행렬 A_{ij}

　　임의의 n차 정방행렬 $A=(a_{ij})$의 제i행과 제j열을 제외한 행렬

〈기호〉　A_{ij}

(2) 소행렬식 M_{ij}

　　$M_{ij}=\det(A_{ij})$

참고　행렬 $A=(a_{ij})$가 n차 정방행렬이면, 소행렬식 M_{ij}은 $n\times n$개 이다.

예제 22　행렬 $A=\begin{pmatrix} 1 & 2 \\ 3 & 4 \end{pmatrix}$에 대하여 소행렬식 M_{ij}를 구하시오.

예제 23　행렬 $A=\begin{pmatrix} 3 & -2 & 1 \\ -2 & 1 & -3 \\ 4 & 3 & -2 \end{pmatrix}$에 대하여 소행렬식 M_{ij}를 구하시오.

소행렬식 M_{ij}에 대하여 $(-1)^{i+j}M_{ij}$ 를 성분 (a_{ij})의 여인수(cofactor of a_{ij})

〈기호〉　$C_{ij}=(-1)^{i+j}M_{ij}$

예제 24

행렬 $A = \begin{pmatrix} 3 & 1 & 4 \\ 2 & 5 & 6 \\ 1 & 4 & 8 \end{pmatrix}$에 대하여 여인수 $C_{ij} = (-1)^{i+j} M_{ij}$를 구하시오.

행렬식 $\det(A)$과 여인수 C_{ij}와의 관계

임의의 n차 정방행렬 $A = (a_{ij})$에 대하여

$$\det(A) = a_{11} C_{11} + a_{12} C_{12} + \cdots + a_{n1} C_{n1}$$

$$= \sum_{i=1}^{n} a_{ij} C_{ij} \qquad [\text{제}\,i\,\text{행에 관한 여인수 전개}]$$

$$= \sum_{j=1}^{n} a_{ij} C_{ij} \qquad [\text{제}\,j\,\text{열에 관한 여인수 전개}]$$

예제 25

행렬 $A = \begin{pmatrix} 1 & 3 \\ 3 & 2 \end{pmatrix}$에 대하여 아래 물음에 답하시오.

(1) $\det(A)$

(2) C_{ij}를 구하시오.

(3) $a_{11} C_{11} + a_{12} C_{12}$

(4) $a_{11} C_{21} + a_{12} C_{22}$

(5) $a_{21} C_{21} + a_{22} C_{22}$

(6) $a_{21} C_{11} + a_{22} C_{12}$

(7) 여인수 행렬 $C = \begin{pmatrix} C_{11} & C_{12} \\ C_{21} & C_{22} \end{pmatrix}$를 구하시오.

(8) AC

행렬 $A = \begin{pmatrix} 2 & 1 & 2 \\ 3 & 2 & 2 \\ 1 & 2 & 3 \end{pmatrix}$에 대하여 아래 물음에 답하시오.

(1) $\det(A)$

(2) C_{ij}를 구하시오.

(3) $a_{11}C_{11} + a_{12}C_{12} + a_{13}C_{13}$

(4) $a_{11}C_{21} + a_{12}C_{22} + a_{13}C_{23}$

(5) $a_{11}C_{31} + a_{12}C_{32} + a_{13}C_{33}$

(6) $a_{21}C_{21} + a_{22}C_{22} + a_{23}C_{23}$

(7) $a_{21}C_{11} + a_{22}C_{12} + a_{23}C_{13}$

(8) $a_{21}C_{31} + a_{22}C_{32} + a_{23}C_{33}$

(9) $a_{31}C_{31} + a_{32}C_{32} + a_{33}C_{33}$

(10) $a_{31}C_{11} + a_{32}C_{12} + a_{33}C_{13}$

(11) $a_{31}C_{21} + a_{32}C_{22} + a_{33}C_{23}$

(12) 여인수 행렬 $C = \begin{pmatrix} C_{11} & C_{12} & C_{13} \\ C_{21} & C_{22} & C_{23} \\ C_{31} & C_{32} & C_{33} \end{pmatrix}$ 를 구하시오.

(13) AC

행렬식 $\det(A)$, 여인수행렬 $C = (C_{ij})$와 역행렬 A^{-1}과의 관계

임의의 n차 정방행렬 $A = (a_{ij})$에 대하여 $\det(A) \neq 0$이면,

$$A^{-1} = \frac{1}{\det(A)} C^t = \frac{1}{\det(A)} (C_{ij})^t \text{ 이다.}$$

참고 고교과정에서 $A = \begin{pmatrix} a & b \\ c & d \end{pmatrix}$일 때, $\det(A) = D = ad - bc \neq 0$이면,

$$A^{-1} = \frac{1}{ad - bc} \begin{pmatrix} d & -b \\ -c & a \end{pmatrix} \text{이다.}$$

예제 27 임의의 n차 정방행렬 $A = (a_{ij})$에 대하여 $\det(A) \neq 0$ 이면,

$A^{-1} = \dfrac{1}{\det(A)} C^t = \dfrac{1}{\det(A)} (C_{ij})^t$ 임을 증명하시오.

증명 n차 정방행렬 A에 대하여 $AA^{-1} = A^{-1}A = E$임을 증명하면 된다.

즉, $A \dfrac{1}{\det(A)} (C_{ij})^t = \dfrac{1}{\det(A)} (C_{ij})^t A = E$임을 보이면 된다.

$$A \frac{1}{\det(A)} (C_{ij})^t$$

$$= \frac{1}{\det(A)} \begin{pmatrix} a_{11} & a_{12} & a_{13} & \cdots & a_{1n} \\ a_{21} & a_{22} & a_{23} & \cdots & a_{2n} \\ \vdots & \vdots & \vdots & \vdots & \vdots \\ a_{n1} & a_{n2} & a_{n3} & \cdots & a_{nn} \end{pmatrix} \begin{pmatrix} C_{11} & C_{12} & C_{13} & \cdots & C_{1n} \\ C_{21} & C_{22} & C_{23} & \cdots & C_{2n} \\ \vdots & \vdots & \vdots & \vdots & \vdots \\ C_{n1} & C_{n2} & C_{n3} & \cdots & C_{nn} \end{pmatrix}^t$$

$$= \frac{1}{\det(A)} \begin{pmatrix} a_{11} & a_{12} & a_{13} & \cdots & a_{1n} \\ a_{21} & a_{22} & a_{23} & \cdots & a_{2n} \\ \vdots & \vdots & \vdots & \vdots & \vdots \\ a_{n1} & a_{n2} & a_{n3} & \cdots & a_{nn} \end{pmatrix} \begin{pmatrix} C_{11} & C_{21} & C_{31} & \cdots & C_{n1} \\ C_{12} & C_{22} & C_{32} & \cdots & C_{n2} \\ \vdots & \vdots & \vdots & \vdots & \vdots \\ C_{1n} & C_{2n} & C_{3n} & \cdots & C_{nn} \end{pmatrix}$$

$$= \frac{1}{\det(A)} \begin{pmatrix} \det(A) & 0 & 0 & \cdots & 0 \\ 0 & \det(A) & 0 & \cdots & 0 \\ \vdots & \vdots & \vdots & \vdots & \vdots \\ 0 & 0 & 0 & \cdots & \det(A) \end{pmatrix}$$

$$= \begin{pmatrix} 1 & 0 & 0 & \cdots & 0 \\ 0 & 1 & 0 & \cdots & 0 \\ \vdots & \vdots & \vdots & \vdots & \vdots \\ 0 & 0 & 0 & \cdots & 1 \end{pmatrix} = E$$

마찬가지로, $\dfrac{1}{\det(A)} (C_{ij})^t A = E$ 이다.

그러므로 $A^{-1} = \dfrac{1}{\det(A)} (C_{ij})^t$ 이다.

예제 28 다음 행렬의 역행렬을 구하시오.

(1) $A = \begin{pmatrix} 2 & 4 \\ 1 & 3 \end{pmatrix}$

(2) $A = \begin{pmatrix} \cos\theta & \sin\theta \\ -\sin\theta & \cos\theta \end{pmatrix}$

(3) $A = \begin{pmatrix} 2 & 1 & 2 \\ 3 & 2 & 2 \\ 1 & 2 & 3 \end{pmatrix}$

1.9 연립방정식

연립방정식의 정의

n개의 미지수 $x_1, x_2, x_3, \cdots, x_n$에 관한 n개의 1차 방정식

$$a_{11}x_1 + a_{12}x_2 + a_{13}x_3 + \cdots + a_{1n}x_n = b_1$$

$$a_{21}x_1 + a_{22}x_2 + a_{23}x_3 + \cdots + a_{2n}x_n = b_2$$

$$a_{31}x_1 + a_{32}x_2 + a_{33}x_3 + \cdots + a_{3n}x_n = b_3$$

$$\vdots \qquad\qquad\qquad\qquad \vdots$$

$$a_{n1}x_1 + a_{n2}x_2 + a_{n3}x_3 + \cdots + a_{nn}x_n = b_n$$

을 연립일차방정식 이라 부른다.

또한, 만일 위의 식에서 우변의 $b_1, b_2, b_3, \cdots, b_n$이 모두 0이면, 재차연립방정식,
우변의 $b_1, b_2, b_3, \cdots, b_n$이 모두 0이 아니면 비 제차연립방정식이라고 부른다.
또한 위의 식을 행렬로 표현하면 다음과 같다.

$$\begin{pmatrix} a_{11}x_1 + a_{12}x_2 + a_{13}x_3 + \cdots + a_{1n}x_n \\ a_{21}x_1 + a_{22}x_2 + a_{23}x_3 + \cdots + a_{2n}x_n \\ a_{31}x_1 + a_{32}x_2 + a_{33}x_3 + \cdots + a_{3n}x_n \\ \vdots \\ a_{n1}x_1 + a_{n2}x_2 + a_{n3}x_3 + \cdots + a_{nn}x_n \end{pmatrix} = \begin{pmatrix} b_1 \\ b_2 \\ b_3 \\ \vdots \\ b_n \end{pmatrix}$$

또는 $\begin{pmatrix} a_{11} \ a_{12} \ a_{13} \ \cdots \ a_{1n} \\ a_{21} \ a_{22} \ a_{23} \ \cdots \ a_{2n} \\ \vdots \ \ \vdots \ \ \vdots \ \cdots \ \vdots \\ a_{n1} \ a_{n2} \ a_{n3} \ \cdots \ a_{nn} \end{pmatrix} \begin{pmatrix} x_1 \\ x_2 \\ x_3 \\ \vdots \\ x_n \end{pmatrix} = \begin{pmatrix} b_1 \\ b_2 \\ b_3 \\ \vdots \\ b_n \end{pmatrix}$ 와 같이 나타낼 수 있다.

따라서 $\begin{pmatrix} a_{11} \ a_{12} \ a_{13} \ \cdots \ a_{1n} \\ a_{21} \ a_{22} \ a_{23} \ \cdots \ a_{2n} \\ \vdots \ \ \vdots \ \ \vdots \ \cdots \ \vdots \\ a_{n1} \ a_{n2} \ a_{n3} \ \cdots \ a_{nn} \end{pmatrix} = A, \begin{pmatrix} x_1 \\ x_2 \\ x_3 \\ \vdots \\ x_n \end{pmatrix} = X, \begin{pmatrix} b_1 \\ b_2 \\ b_3 \\ \vdots \\ b_n \end{pmatrix} = B$ 라 하면,

$AX = B$가 되며, $\det(A) \neq 0$이며, A^{-1}가 존재하여 $X = A^{-1}B$가 되므로 미지수 $x_1, x_2, x_3, \cdots, x_n$의 값들을 구할 수 있다.

그러나 A^{-1}이 존재한다 하더라도 차수가 크거나 미지수의 개수가 많으면 계산하는데 오래 걸리는 관계로 방정식의 해를 구하는 것이 쉽지 않다.

2원 1차 연립방정식	3원 1차 연립방정식
미지수가 2개이며, 차수가 1차인 방정식	미지수가 3개이며, 차수가 1차인 방정식
$\begin{cases} ax + by = p \\ cx + dy = q \end{cases}$	$\begin{cases} ax + by + cz = p \\ dx + ey + fz = q \\ gx + hy + iz = r \end{cases}$

연립방정식 풀이 방법

(1) 가감법
(2) 역행렬을 이용하는 방법
(3) *Cramer Rule* 이용법
(4) *Gauss* 소거법

참고 가감법과 *Gauss* 소거법은 유사한 방법임.

n개의 미지수 $x_1, x_2, x_3, \cdots, x_n$에 관한 n개의 선형제차방정식에서

$$
\begin{pmatrix}
a_{11} & a_{12} & a_{13} & \cdots & a_{1n} \\
a_{21} & a_{22} & a_{23} & \cdots & a_{2n} \\
\vdots & \vdots & \vdots & \cdots & \vdots \\
a_{n1} & a_{n2} & a_{n3} & \cdots & a_{nn}
\end{pmatrix}
\begin{pmatrix}
x_1 \\ x_2 \\ x_3 \\ \vdots \\ x_n
\end{pmatrix}
=
\begin{pmatrix}
b_1 \\ b_2 \\ b_3 \\ \vdots \\ b_n
\end{pmatrix},
$$

$$
\begin{pmatrix}
a_{11} & a_{12} & a_{13} & \cdots & a_{1n} \\
a_{21} & a_{22} & a_{23} & \cdots & a_{2n} \\
\vdots & \vdots & \vdots & \cdots & \vdots \\
a_{n1} & a_{n2} & a_{n3} & \cdots & a_{nn}
\end{pmatrix}
= A, \quad
\begin{pmatrix}
x_1 \\ x_2 \\ x_3 \\ \vdots \\ x_n
\end{pmatrix}
= X, \quad
\begin{pmatrix}
b_1 \\ b_2 \\ b_3 \\ \vdots \\ b_n
\end{pmatrix}
= B
$$

$AX = B$가 되며, $\det(A) \neq 0$이면, 해를 구할 수 있다.

$A = (a_{ij})_{n \times n}$에서 제 j열을 행렬 B로 대치하여 얻은 행렬을 A^j로 나타내기로 할 때, 위의 연립방정식의 해는 다음과 같다.

$$
x_1 = \frac{\det(A^1)}{\det(A)}, \quad x_2 = \frac{\det(A^2)}{\det(A)}, \quad \cdots, \quad x_n = \frac{\det(A^n)}{\det(A)}
$$

예제 29 다음 연립방정식을 3가지 방법으로 해를 구하시오.

$$
\begin{cases}
x + 3y = 4 \\
3x + y = 4
\end{cases}
$$

풀이 1 가감법

$$② - ① \times 3 \qquad 3x + y = 4$$
$$3x + 9y = 12$$
$$-8y = -8 \qquad y = 1$$

$y = 1$을 ①에 대입하면 $x = 1$ $\quad \therefore \quad x = 1, \ y = 1$

풀이 2 역행렬을 이용하는 방법

$$
\begin{cases}
x + 3y = 4 \\
3x + y = 4
\end{cases}
\Leftrightarrow
\begin{pmatrix} 1 & 3 \\ 3 & 1 \end{pmatrix}
\begin{pmatrix} x \\ y \end{pmatrix}
=
\begin{pmatrix} 4 \\ 4 \end{pmatrix}
$$

$$\Leftrightarrow\ A=\begin{pmatrix}1&3\\3&1\end{pmatrix},\ \ X=\begin{pmatrix}x\\y\end{pmatrix},\ \ B=\begin{pmatrix}4\\4\end{pmatrix}$$

$\det(A)=1-9=-8\neq0$이므로 역행렬이 존재하며

$$A^{-1}=-\frac{1}{8}\begin{pmatrix}1&-3\\3&1\end{pmatrix}\ \text{이다.}$$

또한, $AX=B\ \Leftrightarrow\ X=A^{-1}B$

$$X=\begin{pmatrix}x\\y\end{pmatrix}=-\frac{1}{8}\begin{pmatrix}1&-3\\3&1\end{pmatrix}\begin{pmatrix}4\\4\end{pmatrix}=\begin{pmatrix}1\\1\end{pmatrix}\qquad\therefore\ \ x=1,\ y=1$$

풀이 3 *Cramer Rule* 이용 방법

$$\begin{cases}x+3y=4\\3x+\ y=4\end{cases}\Leftrightarrow\begin{pmatrix}1&3\\3&1\end{pmatrix}\begin{pmatrix}x\\y\end{pmatrix}=\begin{pmatrix}4\\4\end{pmatrix}$$

$$\Leftrightarrow\ A=\begin{pmatrix}1&3\\3&1\end{pmatrix},\ \ X=\begin{pmatrix}x\\y\end{pmatrix},\ \ B=\begin{pmatrix}4\\4\end{pmatrix}$$

$\det(A)=1-9=-8\neq0$이므로 해가 존재한다.

$A=\begin{pmatrix}1&3\\3&1\end{pmatrix},\ \ X=\begin{pmatrix}x\\y\end{pmatrix},\ \ B=\begin{pmatrix}4\\4\end{pmatrix}$이므로 $A^1=\begin{pmatrix}4&3\\4&1\end{pmatrix}$,

$A^2=\begin{pmatrix}1&4\\3&4\end{pmatrix}$ 이다.

또한, $\det(A^1)=4-12=-8,\ \det(A^2)=4-12=-8$이다.

따라서 $x=\dfrac{\det(A^1)}{\det(A)}=\dfrac{-8}{-8}=1,\ y=\dfrac{\det(A^2)}{\det(A)}=\dfrac{-8}{-8}=1$

그러므로 $x=1,\ y=1$ 이다.

예제 30 다음 연립방정식을 3가지 방법으로 해를 구하시오.

(1) $\begin{cases}x-3y=4\\2x+\ y=1\end{cases}$ (2) $\begin{cases}3x+2y+4z=1\\2x-\ y+\ z=0\\x+2y+3z=1\end{cases}$

(3) $\begin{cases}2x-5y+2z=7\\x+2\,y-4z=3\\3x-4y-6z=5\end{cases}$ (4) $\begin{cases}3x+\ y-2z=3\\x-2\,y-3z=1\\2x+3y+\ z=2\end{cases}$

■ CHAPTER 09 연습문제

9-1. 다음 두 행렬이 같을 때 x, y, z의 값을 구하여라.

$$\begin{pmatrix} 1 & 2x+y & 3 \\ 3 & -1 & -x+z \end{pmatrix}, \begin{pmatrix} 1 & 4 & 3 \\ 3y & -z & 2 \end{pmatrix}$$

9-2. 행렬 $A = \begin{pmatrix} 1 & 0 & 2 \\ 3 & -1 & 4 \end{pmatrix}$일 때, 다음 물음에 답하시오.

(1) AA^t.   (2) A^tA

9-3. 행렬 $A = \begin{pmatrix} 1 & 1 \\ 0 & 1 \end{pmatrix}$ 일 때, 다음 물음에 답하시오.

(1) A^2 (2) A^3

(3) $f(x) = 2x^2 - x + 2$ 일 때, $f(A)$를 구하시오.

9-4. $A = \begin{pmatrix} 1 & 3 \\ 2 & 4 \end{pmatrix}$, $B = \begin{pmatrix} 2 & 1 \\ 1 & 0 \end{pmatrix}$일 때, 다음 사실을 확인하시오.

(1) $\det(A+B) \neq \det(A) + \det(B)$

(2) $\det(AB) = \det(A)\det(B)$

(3) $\det(3A) = 3^2\det(A)$

   일반적으로 $\det(kA) = k^2\det(A)$ (단, k는 0이 아닌 실수)

9-5. 다음 행렬식의 값을 구하시오

(1) $\begin{vmatrix} 1 & 2 & 1 \\ 4 & 5 & 6 \\ 1 & 2 & 3 \end{vmatrix}$ (2) $\begin{vmatrix} 1 & 2 & 1 \\ 4 & 5 & 6 \\ 0 & 0 & 0 \end{vmatrix}$

(3) $\begin{vmatrix} 1 & 2 & 3 \\ 4 & 5 & 6 \\ 7 & 8 & 9 \end{vmatrix}$

9-6. 다음 방정식을 구하시오.

$$\begin{vmatrix} x & 1 & 1 \\ 1 & x & 1 \\ 1 & 1 & x \end{vmatrix} = 0$$

9-7. $A = \begin{pmatrix} 3 & -2 & 1 \\ -2 & 1 & -3 \\ 4 & 3 & -2 \end{pmatrix}$, $B = \begin{pmatrix} x \\ y \\ z \end{pmatrix}$, $C = \begin{pmatrix} 2 \\ -9 \\ 4 \end{pmatrix}$에 대하여

(1) AB를 구하여라.

(2) $AB = C$를 만족하는 x, y, z의 값을 구하여라.

9-8. 다음을 증명하시오.

(1) $A^2 = E \longleftrightarrow A = A^{-1}$

(2) $A^3 = E \longleftrightarrow A^2 = A^{-1}$

(3) $A^2 = 0$일 때, $E + A$의 역행렬이 $E - A$임을 증명하시오.

(4) $A^3 = 0$일 때, $A + E$의 역행렬이 $A^2 - A + E$임을 증명하시오.

(5) $(ABC)^{-1} = C^{-1}B^{-1}A^{-1}$임을 증명하시오.

일차변환과 행렬
(Linear Transformation)

1. 일차변환의 뜻과 행렬 표현

2. 여러 가지 일차변환

3. 일차변환의 합성

4. 일차변환의 역변환

5. 일차변환과 도형

01 일차변환의 뜻과 행렬 표현

변환의 정의

좌표평면 위의 각 점을 그 평면 위의 점으로 대응시키는 함수를 변환이라고 한다.
좌표평면 위의 점 $P(x,y)$를 점 $P'(x',y')$으로 옮기는 변환을 f라고 할 때,
이것을 기호로 $f: P(x,y) \rightarrow P'(x',y')$과 같이 나타낸다.
이때, 점 $P'(x',y')$을 변환 f에 의하여 점 $P(x,y)$가 옮겨진 점이라고 한다.

참고 함수와 변환의 관계

함수(function)는 하나의 값을 하나의 값으로 대응시키는 관계
변환(transformation)은 함수의 부분집합으로 점을 점으로 대응시키는 함수
$[\ f(P) = P' \ ]$

[보기 1] 점 (x,y)를 y축에 대하여 대칭이동한 점을 (x',y')이 라고 하면 $x' = -x$, $y' = y$이고, 이것을 대응으로 나타내면 다음과 같다.

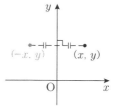

$$f : (x, y) \rightarrow (-x, y)$$

[보기 2] 평행이동 $f: P(x,y) \rightarrow P'(x+1, y+2)$는 좌표평면 위의 점 (x,y)를 점 $(x+1, y+2)$로 옮기는 변환이다. 즉, 이 변환 f에 의하여 점 $P(3,5)$는 점 $P'(4,7)$로 옮겨진다.

일반적으로 변환 $f : P(x, y) \to P'(x', y')$에서 x', y' 가 다음과 같이 상수항이 없는 x, y에 대한 일차식

$$\begin{cases} x' = ax + by \\ y' = cx + dy \end{cases} \quad (a,\ b,\ c,\ d \text{는 상수}) \ ---- \ \bigcirc \quad [\ f(P) = P'\ ]$$

로 나타날 때, 변환 f를 일차변환이라고 한다.

또한, $\begin{cases} x' = ax + by \\ y' = cx + dy \end{cases} \Leftrightarrow \begin{pmatrix} x' \\ y' \end{pmatrix} = \begin{pmatrix} a & b \\ c & d \end{pmatrix} \begin{pmatrix} x \\ y \end{pmatrix}$로 표현되므로

이때, 행렬 $\begin{pmatrix} a & b \\ c & d \end{pmatrix}$를 일차변환 f를 나타내는 행렬 또는 일차변환 f의 행렬이라고 한다.

참고 행렬 $\begin{pmatrix} a & b \\ c & d \end{pmatrix} = A$라 하면,

$$f(P) = P' \Rightarrow \ P' = f(P) \ \Rightarrow \ \begin{pmatrix} x' \\ y' \end{pmatrix} = \begin{pmatrix} a & b \\ c & d \end{pmatrix}\begin{pmatrix} x \\ y \end{pmatrix} \ \Leftrightarrow \ P' = \begin{pmatrix} a & b \\ c & d \end{pmatrix} P = AP$$

[보기 3] $\begin{cases} x' = 2x + 3y \\ y' = 3x + 4y \end{cases}$은 일차변환이지만 $\begin{cases} x' = 2x + 3 \\ y' = 3x + 4 \end{cases}$은 일차변환이 아니다.

그러므로 평행이동 $f : P(x, y) \to P'(x+1, y+2)$는

$\begin{cases} x' = x + 1 \\ y' = y + 2 \end{cases}$로 표현되므로 변환이지만 일차변환은 아니다.

예제 1 일차변환 f를 나타내는 식이 $\begin{cases} x' = 2x + y \\ y' = 3x + 2y \end{cases}$일 때,

일차변환 f를 나타내는 행렬을 구하시오.

예제 2 두 점 (1, 1), (2, −1)을 각각 두 점 (3, 2), (3, 7)로 옮기는 일차변환을 f라고 할 때, 다음 물음에 답하여라.

(1) 일차변환 f를 나타내는 행렬을 구하여라.

(2) 일차변환 f에 의하여 점 (1, 3)이 옮겨지는 점의 좌표를 구하여라.

예제 3 행렬 $\begin{pmatrix} 2 & 1 \\ -1 & 3 \end{pmatrix}$으로 나타내어지는 일차변환에 의하여 다음 점이 옮겨지는

점의 좌표를 각각 구하시오.

(1) (0, 0)　　　　　　(2) (1, 1)　　　　　　(3) (−1, 2)

예제 4 두 점 (2, 1), (−1, 2)를 각각 (4, 3), (−7, 1)로 옮기는 일차변환의 행렬을
구하시오.

예제 5 다음 함수에 대하여 아래의 두 조건이 모두 성립하는지 알아보자.

$$1.\ f(x_1 + x_2) = f(x_1) + f(x_2)$$
$$2.\ f(kx) = kf(x) \quad \text{단, } k \text{는 상수}$$

(1) $f(x) = 2x$

(2) $f(x) = 2x + 1$

(3) $f(x) = x^2$

일차변환의 성질

일차변환 $f: P(x,y) \rightarrow P'(x',y')$와 2×1 행렬 X_1, X_2, X에 대하여

$X_1 = \begin{pmatrix} x_1 \\ y_1 \end{pmatrix}$, $X_2 = \begin{pmatrix} x_2 \\ y_2 \end{pmatrix}$, $X = \begin{pmatrix} x \\ y \end{pmatrix}$라고 할 때,

1. $f(X_1 + X_2) = f(X_1) + f(X_2)$
2. $f(kX) = kf(X) \quad$ 단, k는 상수

참고 일차변환 $f: P(x,y) \rightarrow P'(x',y')$을 나타내는 식

$\begin{pmatrix} x' \\ y' \end{pmatrix} = \begin{pmatrix} a & b \\ c & d \end{pmatrix} \begin{pmatrix} x \\ y \end{pmatrix}$에서 $X' = \begin{pmatrix} x' \\ y' \end{pmatrix}$, $A = \begin{pmatrix} a & b \\ c & d \end{pmatrix}$, $X = \begin{pmatrix} x \\ y \end{pmatrix}$라고 하면 $X' = AX$ 이다.

이때, 일차변환 f를 $f: X \rightarrow X'$ 또는 $f(X) = X' = AX$로 나타낼 수 있다.

예제 6 일차변환의 성질을 증명하시오.

예제 7 일차변환 f와 세 행렬 $A = \begin{pmatrix} 1 \\ 1 \end{pmatrix}$, $B = \begin{pmatrix} 3 \\ 0 \end{pmatrix}$, $C = \begin{pmatrix} 0 \\ 3 \end{pmatrix}$에 대하여

$f(A) = B$일 때, $f(B) + f(C)$를 구하시오.

예제 8 일차변환 f를 나타내는 행렬이 $\begin{pmatrix} 5 & 9 \\ 8 & 7 \end{pmatrix}$이고 $A = \begin{pmatrix} -2 \\ 4 \end{pmatrix}$, $B = \begin{pmatrix} 3 \\ -4 \end{pmatrix}$

일 때, 다음을 구하시오.

(1) $f(A) + f(B)$

(2) $f(3A) + f(2B)$

(3) $3f(A) + 2f(B)$

예제 9 일차변환 f에 대하여 $f(P) = \begin{pmatrix} 3 \\ 1 \end{pmatrix}$, $f(Q) = \begin{pmatrix} 2 \\ -1 \end{pmatrix}$일 때 다음을 구하시오.

(1) $f(4P)$

(2) $f(P + Q)$

(3) $f(P - Q)$

(4) $f(2P + 3Q)$

O2 여러 가지 일차변환

2.1 대칭변환

좌표평면 위에서 한 점을 직선 또는 점에 대하여 대칭 이동하는 변환을 대칭변환
이라고 한다.

---

x축 대칭

좌표평면 위의 점 $P(x,y)$를 x축에 대하여 대칭이동한 점을
$P'(x',y')$이라고 하면,

$$\begin{cases} x' = x = 1 \cdot x + 0 \cdot y \\ y' = -y = 0 \cdot x - 1 \cdot y \end{cases} \Leftrightarrow \begin{pmatrix} x' \\ y' \end{pmatrix} = \begin{pmatrix} 1 & 0 \\ 0 & -1 \end{pmatrix} \begin{pmatrix} x \\ y \end{pmatrix}$$

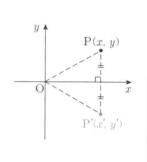

x축에 대한 대칭이동은 일차변환이며, 행렬로 표현하면
$\begin{pmatrix} 1 & 0 \\ 0 & -1 \end{pmatrix}$ 이다.

참고 도형 $f(x,y)=0$를 x축에 대하여 대칭이동 하면, $f(x,-y)=0$ 이다.

y축 대칭

좌표평면 위의 점 $P(x,y)$를 y축에 대하여 대칭이동한 점을 $P'(x',y')$이라고 하면,

$$\begin{cases} x' = -x = -1 \cdot x + 0 \cdot y \\ y' = \ \ y = \ \ \ 0 \cdot x + 1 \cdot y \end{cases} \Leftrightarrow \begin{pmatrix} x' \\ y' \end{pmatrix} = \begin{pmatrix} -1 & 0 \\ 0 & 1 \end{pmatrix}\begin{pmatrix} x \\ y \end{pmatrix}$$

y축에 대한 대칭이동은 일차변환이며, 행렬로 표현하면 $\begin{pmatrix} -1 & 0 \\ 0 & 1 \end{pmatrix}$ 이다.

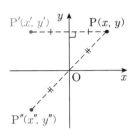

참고 도형 $f(x,y)=0$를 y축에 대하여 대칭이동 하면, $f(-x,y)=0$ 이다.

원점 대칭

좌표평면 위의 점 $P(x,y)$를 원점에 대하여 대칭이동한 점을 $P'(x'',y'')$이라고 하면,

$$\begin{cases} x'' = -x = -1 \cdot x + 0 \cdot y \\ y'' = -y = \ \ \ 0 \cdot x - 1 \cdot y \end{cases} \Leftrightarrow \begin{pmatrix} x'' \\ y'' \end{pmatrix} = \begin{pmatrix} -1 & 0 \\ 0 & -1 \end{pmatrix}\begin{pmatrix} x \\ y \end{pmatrix}$$

원점에 대한 대칭이동은 일차변환이며, 행렬로 표현하면 $\begin{pmatrix} -1 & 0 \\ 0 & -1 \end{pmatrix}$ 이다.

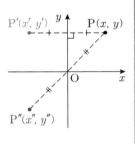

참고 도형 $f(x,y)=0$를 원점에 대하여 대칭이동 하면, $f(-x,-y)=0$ 이다.

$y = x$ 대칭

좌표평면 위의 점 $P(x,y)$를 원점에 대하여 대칭이동한 점을 $P'(x',y')$이라고 하면,

$$\begin{cases} x' = y = 0 \cdot x + 1 \cdot y \\ y' = x = 1 \cdot x + 0 \cdot y \end{cases} \Leftrightarrow \begin{pmatrix} x' \\ y' \end{pmatrix} = \begin{pmatrix} 0 & 1 \\ 1 & 0 \end{pmatrix}\begin{pmatrix} x \\ y \end{pmatrix}$$

$y = x$ 대한 대칭이동은 일차변환이며, 행렬로 표현하면, $\begin{pmatrix} 0 & 1 \\ 1 & 0 \end{pmatrix}$ 이다

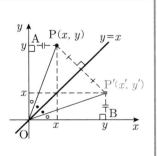

참고 도형 $f(x,y)=0$를 $y=x$에 대하여 대칭이동 하면, $f(y,x)=0$ 이다.

대칭이동	x축	y축	원점	직선 $y=x$
일차변환의 행렬	$\begin{pmatrix} 1 & 0 \\ 0 & -1 \end{pmatrix}$	$\begin{pmatrix} -1 & 0 \\ 0 & 1 \end{pmatrix}$	$\begin{pmatrix} -1 & 0 \\ 0 & -1 \end{pmatrix}$	$\begin{pmatrix} 0 & 1 \\ 1 & 0 \end{pmatrix}$

예제 10 좌표평면 위에서 x축, y축, 원점, $y=x$에 대한 대칭변환을 나타내는 행렬을 각각 A, B, C, D라고 하자. 이때, 다음 행렬이 나타내는 일차변환에 의하여 점 $(2, 3)$이 옮겨지는 점의 좌표를 구하여라.

(1) A (2) A^2 (3) AB

(4) BA (5) C (6) D^2

(7) AD (8) DA

2.2 닮음변환

닮음변환

k가 0이 아닌 실수일 때, 좌표평면 위의 임의의 점 $P(x,y)$에 점 $P'(kx, ky)$를 대응시키는 변환 $f: (x, y) \to (kx, ky)$를 닮음의 중심이 원점이고, 닮음비가 k인 닮음변환 이라고 하면,

$$\begin{cases} x' = kx = k \cdot x + 0 \cdot y \\ y' = ky = 0 \cdot x + k \cdot y \end{cases} \Leftrightarrow \begin{pmatrix} x' \\ y' \end{pmatrix} = \begin{pmatrix} k & 0 \\ 0 & k \end{pmatrix} \begin{pmatrix} x \\ y \end{pmatrix}$$

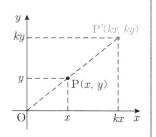

닮음변환은 일차변환이며, 행렬로 표현하면, $\begin{pmatrix} k & 0 \\ 0 & k \end{pmatrix}$ 이다.

참고 두 점 $P(x,y)$와 $P'(kx, ky)$는 $k>0$이면 원점과 같은 쪽에, $k<0$이면 원점과 반대쪽에 놓이게 되며, $|k|>1$이면 확대되고, $0<|k|<1$이면 축소된다.

$k=1$이면, 변환 f는 점 $P(x,y)$를 그 자신으로 옮기는 일차변환이며, 이것을 항등변환이라고 한다. 즉, 항등변환을 나타내는 행렬은 단위행렬이다

예제 11 닮음변환 $\begin{pmatrix} x' \\ y' \end{pmatrix} = \begin{pmatrix} 4 & 0 \\ 0 & 4 \end{pmatrix} \begin{pmatrix} x \\ y \end{pmatrix}$에 의하여 두 점 $A(1, \frac{1}{2})$, $B(\frac{1}{4}, 1)$이 옮겨

지는 점을 각각 A', B'이라고 할 때, 다음 물음에 답하여라.

(1) 두 점 A', B'의 좌표를 구하시오.

(2) $\overline{AB} : \overline{A'B'}$을 구하시오.

예제 12 닮음변환 $\begin{pmatrix} x' \\ y' \end{pmatrix} = \begin{pmatrix} 4 & 0 \\ 0 & 4 \end{pmatrix} \begin{pmatrix} x \\ y \end{pmatrix}$에 의하여 좌

표평면 위의 세 점 O(0, 0), A(2, 1), B(1, 2)를 꼭짓점으로 하는 삼각형 OAB는 어떤 삼각형으로 옮겨지는가?

오른쪽 좌표평면 위에 나타내어라.

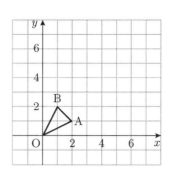

2.3 회전변환

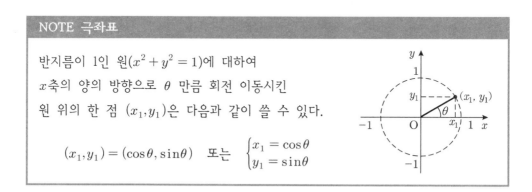

NOTE 극좌표

반지름이 1인 원($x^2 + y^2 = 1$)에 대하여 x축의 양의 방향으로 θ 만큼 회전 이동시킨 원 위의 한 점 (x_1, y_1)은 다음과 같이 쓸 수 있다.

$$(x_1, y_1) = (\cos\theta, \sin\theta) \quad \text{또는} \quad \begin{cases} x_1 = \cos\theta \\ y_1 = \sin\theta \end{cases}$$

좌표평면 위의 점을 원점 O를 중심으로 각 θ만큼 회전 이동시키는 변환을 중심이 O인 회전변환이라고 한다.

오른쪽 그림과 같이 직사각형 $OAPB$를 원점 O를 중심으로 각 θ만큼 회전한 것을 직사각형 $OA'P'B'$이라고 하자.

이때, 점 P의 좌표를 $P(x,y)$라 하고, 점 P를 회전이동한 점 P'의 좌표를 $P'(x',y')$이라고 하면 $A(x,0)$, $B(0,y)$이다.

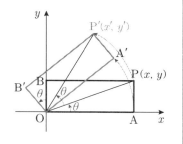

여기서 두 점 A', B'의 좌표를 각각 $A'(a,b), B'(c,d)$라고 하면

$$\angle AOA' = \angle POP' = \angle BOB' = \theta, \ \angle AOB' = \frac{\pi}{2}+\theta \text{이고}, \ \overline{OA}=\overline{OA'}, \ \overline{OB}=\overline{OB'}$$

이므로, $a=x\cos\theta, \ b=x\sin\theta$이며,

$$c=y\cos\left(\frac{\pi}{2}+\theta\right)=y\left(\cos\frac{\pi}{2}\cos\theta-\sin\frac{\pi}{2}\sin\theta\right)=-y\sin\theta, \ \left[\cos\frac{\pi}{2}=0\right]$$

$d=y\sin\left(\frac{\pi}{2}+\theta\right)=y\left(\sin\frac{\pi}{2}\cos\theta+\cos\frac{\pi}{2}\sin\theta\right)=y\cos\theta$ 이다.

$A'(a,b), \ B'(c,d)$이므로, $A'(x\cos\theta, x\sin\theta), \ B'(-y\sin\theta, y\cos\theta)$ 이다.

그런데 직사각형 $OA'P'B'$에서 두 대각선 OP'와 $A'B'$의 중점은 일치하며, 그 중점의 좌표는 각각 $\left(\dfrac{x'}{2}, \dfrac{y'}{2}\right), \ \left(\dfrac{x\cos\theta-y\sin\theta}{2}, \dfrac{x\sin\theta+y\cos\theta}{2}\right)$ 이므로

$\dfrac{x'}{2}=\dfrac{x\cos\theta-y\sin\theta}{2}, \ \dfrac{y'}{2}=\dfrac{x\sin\theta+y\cos\theta}{2}$ 이다.

이 식을 행렬로 나타내면 다음과 같다.

$$\begin{cases} x'=x\cos\theta-y\sin\theta \\ y'=x\sin\theta+y\cos\theta \end{cases} \Longleftrightarrow \begin{pmatrix} x' \\ y' \end{pmatrix}=\begin{pmatrix} \cos\theta & -\sin\theta \\ \sin\theta & \cos\theta \end{pmatrix}\begin{pmatrix} x \\ y \end{pmatrix}$$

따라서 원점 O를 중심으로 각 θ만큼 회전 이동하는 변환은 일차변환이고, 회전변환을 나타내는 행렬은 $\begin{pmatrix} \cos\theta & -\sin\theta \\ \sin\theta & \cos\theta \end{pmatrix}$이다.

예제 13 원점을 중심으로 다음과 같이 각각 회전 이동하는 일차변환을 나타내는 행렬을 구하시오.

(1) $30°$

(2) $90°$

(3) $120°$

(4) $-30°$

(5) $-120°$

예제 14 좌표평면 위의 점 $(2, 4)$를 원점을 중심으로 다음과 같이 각각 회전이동 시킨 점의 좌표를 구하시오.

(1) $30°$

(2) $90°$

(3) $120°$

(4) $-30°$

(5) $-120°$

예제 15 두 일차변환 f, g를 나타내는 행렬이 각각 $\begin{pmatrix} 1 & 1 \\ -1 & 0 \end{pmatrix}, \begin{pmatrix} -1 & 0 \\ 1 & 1 \end{pmatrix}$일 때, 점 $A(2,3)$에 대하여 다음을 구하시오.

(1) 일차변환 f에 의하여 점 A가 옮겨지는 점 B의 좌표

(2) 일차변환 g에 의하여 점 B가 옮겨지는 점 C의 좌표

03 일차변환의 합성

두 일차변환 f와 g가 있을 때,

일차변환 f에 의하여 점 $P(x,y)$가 점 $P'(x',y')$으로 옮겨 지고, 일차변환 g에 의하여 점 $P'(x',y')$가 점 $P''(x'',y'')$ 으로 옮겨진다고 하자.

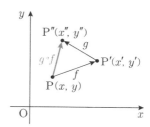

즉 $f : P(x,y) \rightarrow P'(x',y')$

  $g : P'(x',y') \rightarrow P''(x'',y'')$ 일 때,

점 $P(x,y)$가 점 $P''(x'',y'')$으로 옮겨지는 일차변환 $h : P(x,y) \rightarrow P''(x'',y'')$을 생각할 수 있다.

이때, 일차변환 h를 두 일차변환 f와 g의 합성변환이라 하고, 기호로 $g \circ f$와 같 이 나타낸다. 즉, $g \circ f : P(x,y) \rightarrow P''(x'',y'')$

참고 일반적으로 두 일차변환 f와 g를 나타내는 행렬을 각각 A, B라고 하면,

$\begin{pmatrix} x' \\ y' \end{pmatrix} = A \begin{pmatrix} x \\ y \end{pmatrix}$, $\begin{pmatrix} x'' \\ y'' \end{pmatrix} = B \begin{pmatrix} x' \\ y' \end{pmatrix}$이므로 $\begin{pmatrix} x'' \\ y'' \end{pmatrix} = B \begin{pmatrix} x' \\ y' \end{pmatrix} = BA \begin{pmatrix} x \\ y \end{pmatrix}$ 이다.

따라서 합성변환 $g \circ f$는 일차변환이고, 그 행렬은 BA이다.

또한, $BA \neq AB$이므로 $g \circ f \neq f \circ g$ 이다.

예제 16 두 일차변환 $f : \begin{pmatrix} x' \\ y' \end{pmatrix} = \begin{pmatrix} 4 & 0 \\ 0 & 4 \end{pmatrix} \begin{pmatrix} x \\ y \end{pmatrix}$, $g : \begin{pmatrix} x'' \\ y'' \end{pmatrix} = \begin{pmatrix} 1 & 0 \\ 1 & 1 \end{pmatrix} \begin{pmatrix} x \\ y \end{pmatrix}$ 에 대하여

다음 물음에 답하시오.

(1) f와 g의 합성변환 $g \circ f$를 나타내는 행렬

(2) f와 g의 합성변환 $g \circ f$에 의하여 점 (3,2)가 옮겨지는 점의 좌표

(3) g와 f의 합성변환 $f \circ g$를 나타내는 행렬

(4) g와 f의 합성변환 $f \circ g$에 의하여 점 (3,2)가 옮겨지는 점의 좌표

(5) $g \circ f$와 $f \circ g$에 의하여 점 (1,1)이 옮겨지는 점의 좌표

예제 17 일차변환 f는 원점을 중심으로 π만큼 회전하는 회전변환이고,

일차변환 g는 직선 $y = x$에 대한 대칭변환일 때, 다음 물음에 답하시오.

(1) 합성변환 $g \circ f$에 의하여 점 $(2, \sqrt{3})$이 옮겨지는 점의 좌표

(2) 합성변환 $f \circ g$에 의하여 점 $(2, \sqrt{3})$이 옮겨지는 점의 좌표

예제 18 세 일차변환 f, g, h를 나타내는 행렬이 각각 $\begin{pmatrix} 1 & -2 \\ 3 & 0 \end{pmatrix}$, $\begin{pmatrix} -1 & 0 \\ 2 & 1 \end{pmatrix}$,

$\begin{pmatrix} 2 & -1 \\ 0 & 1 \end{pmatrix}$ 일 때, 합성변환 $h \circ (g \circ f)$와 $(h \circ g) \circ f$를 나타내는 행렬을

구하시오.

참고 회전변환의 합성을 이용한 삼각함수의 정리 증명

원점을 중심으로 α만큼 회전하는 회전변환을 f, 원점을 중심으로 β만큼 회전하는 회전변환을 g라고 하면 합성변환 $g \circ f$를 나타내는 행렬은 다음과 같다.

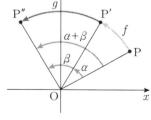

$$\begin{pmatrix} \cos\beta & -\sin\beta \\ \sin\beta & \cos\beta \end{pmatrix} \begin{pmatrix} \cos\alpha & -\sin\alpha \\ \sin\alpha & \cos\alpha \end{pmatrix}$$

그런데 합성변환 $g \circ f$는 오른쪽 그림에서 알 수 있듯이 원점을 중심으로 $\alpha+\beta$만큼 회전하는 회전변환과 같으므로 다음의 등식이 성립한다.

$$\begin{pmatrix} \cos\beta & -\sin\beta \\ \sin\beta & \cos\beta \end{pmatrix} \begin{pmatrix} \cos\alpha & -\sin\alpha \\ \sin\alpha & \cos\alpha \end{pmatrix} = \begin{pmatrix} \cos(\alpha+\beta) & -\sin(\alpha+\beta) \\ \sin(\alpha+\beta) & \cos(\alpha+\beta) \end{pmatrix}$$

따라서 왼쪽의 행렬에 대한 곱셈을 구하여 정리하면,

$$\begin{pmatrix} \cos\alpha\cos\beta - \sin\alpha\sin\beta & -\sin\alpha\cos\beta - \cos\alpha\sin\beta \\ \cos\alpha\sin\beta + \sin\alpha\cos\beta & -\sin\alpha\sin\beta + \cos\alpha\cos\beta \end{pmatrix} = \begin{pmatrix} \cos(\alpha+\beta) & -\sin(\alpha+\beta) \\ \sin(\alpha+\beta) & \cos(\alpha+\beta) \end{pmatrix}$$

그러므로 두 행렬이 서로 같을 조건에 의하여 다음과 같이 삼각함수의 덧셈정리를 유도할 수 있다.

$$\sin(\alpha+\beta) = \sin\alpha\cos\beta + \cos\alpha\sin\beta$$

$$\cos(\alpha+\beta) = \cos\alpha\cos\beta - \sin\alpha\sin\beta$$

위의 결과로부터

첫째, $\alpha=\beta$ 인 경우, 삼각함수의 2배각 공식

$$\sin(\alpha+\alpha) = \sin\alpha\cos\alpha + \cos\alpha\sin\alpha = 2\sin\alpha\cos\alpha = \sin2\alpha$$

$$\cos(\alpha+\alpha) = \cos\alpha\cos\alpha - \sin\alpha\sin\alpha = \cos^2\alpha - \sin^2\alpha = \cos2\alpha$$

둘째, $\alpha=\dfrac{\alpha}{2}$인 경우, 삼각함수의 반각공식

$\cos2\alpha = \cos^2\alpha - \sin^2\alpha$ 이므로

$$\cos2\alpha = \cos^2\alpha - \sin^2\alpha = \cos^2\alpha - (1 - \cos^2\alpha) = 2\cos^2\alpha - 1$$

$2\cos^2\alpha = 1 + \cos2\alpha$ 이며, $\cos^2\alpha = \dfrac{1 + \cos2\alpha}{2}$ 이다.

$\alpha = \dfrac{\alpha}{2}$를 대입하면, $\cos^2\left(\dfrac{\alpha}{2}\right) = \dfrac{1 + \cos\alpha}{2}$

유사한 방법을 사용하여, $\sin^2\left(\dfrac{\alpha}{2}\right) = \dfrac{1 - \cos\alpha}{2}$ 임을 알 수 있다.

행렬변환과 역변환

일차변환 $f : (x, y) \to (x', y')$을 나타내는 행렬을 A라고 하면, 일차변환 f를 행렬로 나타내면 다음과 같다.

$$\binom{x'}{y'} = A\binom{x}{y}$$

행렬 A가 역행렬 A^{-1}를 가질 때, ㉠의 양변의 왼쪽에 A^{-1}를 곱하면

$$A^{-1}\binom{x'}{y'} = A^{-1}A\binom{x}{y} = \binom{x}{y}, \quad 즉 \quad \binom{x}{y} = A^{-1}\binom{x'}{y'}$$

따라서 점 (x', y')을 점 (x, y)로 옮기는 변환은 행렬 A^{-1}로 나타나는 일차변환이다.
이 일차변환을 f의 **역변환**이라 하고, 기호 f^{-1}로 나타낸다.

참고 역행렬이 존재하는 경우에 역변환을 구할 수 있음.

예제 19 다음 물음에 답하시오.

(1) 등식 $\binom{x'}{y'} = \begin{pmatrix} 2 & 3 \\ 1 & 2 \end{pmatrix}\binom{1}{2}$를 만족하는 x', y'의 값을 구하시오.

(2) 등식 $\binom{1}{2} = \begin{pmatrix} 2 & 3 \\ 1 & 2 \end{pmatrix}\binom{x}{y}$를 만족하는 x, y의 값을 구하시오.

예제 20 다음 물음에 답하시오.

(1) 행렬 $\begin{pmatrix} 2 & 1 \\ 3 & 2 \end{pmatrix}$가 나타내는 일차변환에 의하여 점 $(4, -1)$로 옮겨지는 점의 좌표를 구하시오.

(2) 일차변환 $\begin{pmatrix} x' \\ y' \end{pmatrix} = \begin{pmatrix} 5 & 3 \\ 2 & 1 \end{pmatrix}\begin{pmatrix} x \\ y \end{pmatrix}$에 의하여 점 $(0, 1)$로 옮겨지는 점 (x, y)를 구하시오.

(3) 두 행렬 A, B가 $A = \begin{pmatrix} 1 & 2 \\ 0 & -1 \end{pmatrix}$, $B = \begin{pmatrix} 1 & -2 \\ 3 & -5 \end{pmatrix}$일 때, 합성변환 $g \circ f$에 의하여 점 $(1, 3)$으로 옮겨지는 점의 좌표를 구하여라.

05 일차변환과 도형

일차변환에 의하여 옮겨지는 도형은 일차변환을 나타내는 행렬이 0 행렬인 경우, 역행렬이 존재하는 경우, 역행렬이 존재하지 않는 경우 등 크게 3가지로 나누어지는데 일차변환을 나타내는 행렬이 0 행렬인 경우는 다음과 같이 모든 도형이 원점으로 옮겨지는 것을 알 수 있다.

$$\begin{pmatrix} x' \\ y' \end{pmatrix} = \begin{pmatrix} 0 & 0 \\ 0 & 0 \end{pmatrix} \begin{pmatrix} x \\ y \end{pmatrix} \Rightarrow \begin{pmatrix} x' \\ y' \end{pmatrix} = \begin{pmatrix} 0 \\ 0 \end{pmatrix} \quad \text{즉} \quad (x'. y') = (0,0) \text{이 된다.}$$

5.1 일차변환을 나타내는 행렬의 역행렬이 존재하는 경우

일반적으로 좌표평면 위에서 일차변환 f를 나타내는 행렬을 A라고 할 때, A의 역행렬 A^{-1}가 존재하면

$$\begin{pmatrix} x' \\ y' \end{pmatrix} = A \begin{pmatrix} x \\ y \end{pmatrix} \Leftrightarrow \begin{pmatrix} x \\ y \end{pmatrix} = A^{-1} \begin{pmatrix} x' \\ y' \end{pmatrix} \text{이므로 일차변환 } f \text{는 일대일 대응이다.}$$

예제 21   일차변환 $\begin{pmatrix} x' \\ y' \end{pmatrix} = \begin{pmatrix} 2 & 1 \\ 3 & 2 \end{pmatrix} \begin{pmatrix} x \\ y \end{pmatrix}$에 의하여 다음 도형은 어떤 도형으로 옮겨지는지 구하시오.

(1) 직선 $y = 2x$은 어떤 도형으로 옮겨지는지 구하시오.

(2) 직선 $y = 2x - 3$은 어떤 도형으로 옮겨지는지 구하시오.

예제 22   좌표평면 위의 세 점 O(0, 0), A(2, 1), B(1, 2)를 꼭짓점으로 하는 삼각형 OAB에 대하여 다음 물음에 답하시오.

(1) 닮음변환 $\begin{pmatrix} x' \\ y' \end{pmatrix} = \begin{pmatrix} 4 & 0 \\ 0 & 4 \end{pmatrix} \begin{pmatrix} x \\ y \end{pmatrix}$에 의하여 어떤 도형으로 옮겨지는지 구하시오.

(2) 일차변환 $\begin{pmatrix} x' \\ y' \end{pmatrix} = \begin{pmatrix} 2 & 1 \\ 3 & 2 \end{pmatrix} \begin{pmatrix} x \\ y \end{pmatrix}$에 의하여 어떤 도형으로 옮겨지는지 구하시오.

예제 23   원 $x^2 + y^2 = 1$은 다음 일차변환에 의하여 어떤 도형으로 옮겨지는지 구하시오.

(1) 닮음변환 $\begin{pmatrix} x' \\ y' \end{pmatrix} = \begin{pmatrix} 4 & 0 \\ 0 & 4 \end{pmatrix} \begin{pmatrix} x \\ y \end{pmatrix}$에 의하여 어떤 도형으로 옮겨지는지 구하시오.

(2) 일차변환 $\begin{pmatrix} x' \\ y' \end{pmatrix} = \begin{pmatrix} 2 & 1 \\ 3 & 2 \end{pmatrix} \begin{pmatrix} x \\ y \end{pmatrix}$에 의하여 어떤 도형으로 옮겨지는지 구하시오.

5.2   일차변환을 나타내는 행렬의 역행렬이 존재하지 않는 경우

예제 24   일차변환 $\begin{pmatrix} x' \\ y' \end{pmatrix} = \begin{pmatrix} 2 & 1 \\ 4 & 2 \end{pmatrix} \begin{pmatrix} x \\ y \end{pmatrix}$에 의하여 다음 도형은 어떤 도형으로 옮겨지는지 구하시오.

(1) 직선 $y = 2x$은 어떤 도형으로 옮겨지는지 구하시오.

(2) 직선 $y = -2x + 1$은 어떤 도형으로 옮겨지는지 구하시오.

예제 25 좌표평면 위의 세 점 O(0, 0), A(2, 1), B(1, 2)를 꼭짓점으로 하는 삼각형 OAB에 대하여, 일차변환 $\begin{pmatrix} x' \\ y' \end{pmatrix} = \begin{pmatrix} 2 & 1 \\ 4 & 2 \end{pmatrix} \begin{pmatrix} x \\ y \end{pmatrix}$에 의하여 어떤 도형으로 옮겨지는지 구하시오.

예제 26 원 $x^2 + y^2 = 1$은 일차변환 $\begin{pmatrix} x' \\ y' \end{pmatrix} = \begin{pmatrix} 2 & 1 \\ 4 & 2 \end{pmatrix} \begin{pmatrix} x \\ y \end{pmatrix}$에 의하여 어떤 도형으로 옮겨지는지 구하시오.

■ CHAPTER 10 연습문제

10-1. 일차변환 $\begin{pmatrix} x' \\ y' \end{pmatrix} = \begin{pmatrix} 2 & -1 \\ -1 & 3 \end{pmatrix} \begin{pmatrix} x \\ y \end{pmatrix}$에 의하여 다음 점들이 옮겨지는 점의 좌표를 구하여라.

(1) $(0,\ 0)$ (2) $(2,\ 1)$ (3) $(-1,\ 3)$

10-2. 두 점 $(2,\ 1)$, $(5,\ 3)$을 각각 두 점 $(1,\ 0)$, $(0,\ 1)$로 옮기는 일차변환을 나타내는 행렬을 구하여라.

10-3. 두 점 $(1,\ 2)$, $(-2,\ 3)$을 각각 두 점 $(9,\ 5)$, $(-4,\ 11)$로 옮기는 일차변환 f에 의하여 점 $(4,\ -1)$이 옮겨지는 점의 좌표를 구하여라.

10-4. 일차변환 $f : X \rightarrow AX$에 대하여 $A = \begin{pmatrix} 1 & 1 \\ 3 & 4 \end{pmatrix}$, $P = \begin{pmatrix} 2 \\ -1 \end{pmatrix}$, $Q = \begin{pmatrix} 0 \\ 2 \end{pmatrix}$일 때, $3f(P) - 2f(Q)$를 구하여라.

10-5. 점 $(1,\ 2)$에 대하여 다음 변환에 의하여 옮겨지는 점의 좌표를 구하여라.

(1) x축에 대한 대칭변환

(2) 직선 $y = 4x$에 대한 대칭변환

(3) 원점을 닮음의 중심으로 하고 닮음비가 3인 닮음변환

(4) 원점을 중심으로 π만큼 회전하는 회전변환

10-6. 두 일차변환 f, g를 나타내는 행렬이 각각 $A = \begin{pmatrix} 1 & 2 \\ 0 & -1 \end{pmatrix}$, $B = \begin{pmatrix} 3 & 0 \\ 1 & -1 \end{pmatrix}$일 때, 합성변환 $g \circ f$에 의하여 점 $\mathrm{P}(-1,\ 2)$가 옮겨지는 점의 좌표를 구하여라.

10-7. y축에 대한 대칭변환 f와 원점을 중심으로 $\dfrac{\pi}{2}$ 만큼 회전하는 회전변환 g의 합성변환 $g \circ f$에 의하여 점 $(2,\ 3)$이 옮겨지는 점의 좌표를

10-8. 일차변환 f를 나타내는 행렬이 $\begin{pmatrix} 5 & -2 \\ -3 & 1 \end{pmatrix}$일 때, f에 의하여 점 $(2,\ 3)$으로 옮겨지는 점의 좌표를 구하여라.

10-9. 일차변환 f, g를 나타내는 행렬이 각각 $A = \begin{pmatrix} 4 & 2 \\ 5 & 3 \end{pmatrix}$, $B = \begin{pmatrix} 3 & 0 \\ 4 & 2 \end{pmatrix}$일 때, 합성변환 $g^{-1} \circ f$에 의하여 점 $\mathrm{P}(3,\ 1)$이 옮겨지는 점의 좌표를 구하여라.

10-10. 행렬 $\begin{pmatrix} 2 & 1 \\ 5 & 3 \end{pmatrix}$이 나타내는 일차변환에 의하여 직선 $y = 3x + 2$는 어떤 도형으로 옮겨지는지 구하여라.

10-11. 어떤 직선을 $y = x$에 대하여 대칭이동한 후 원점을 중심으로 $45\,^\circ$ 만큼 회전하였더니 직선 $x + 3y - 1 = 0$이 되었다. 처음 직선의 방정식을 구하여라.

부록 01

1. 수학기호

같다	$=$	비례한다	$\propto$	sine	sin
보다 크다	$>$	계승	$!$	cosine	cos
보다 작다	$<$	비	$:$	tangent	tan
항등	$\equiv$	각	θ	cotangent	cot
부등	$\fallingdotseq$	총합	$\sum\limits_{n=1}^{j}$	secant	sec
항등이 아니다	$\not\equiv$	극한	$\lim\limits_{x\to\infty}$	cosecant	cosec
근사적으로 같다	$\approx$	상용대수	$\log_{10}$	arc sine	$\arcsin(\mathrm{Sin}^{-1})$
근접	$\to$	자연대수	$\log_e (\ln)$	arc cosine	$\arccos(\mathrm{Cos}^{-1})$
내지	$\sim$	미분	$\dfrac{dy}{dx},\ f'(x)$	arc tangent	$\arctan(\mathrm{Tan}^{-1})$
무한대	∞	적분	$\int$	hyperbolic sine	sinh

2. 단위의 승수

기호	명칭	승수	기호	명칭	승수
T	tera	10^{12}	c	centi	10^{-2}
G	giga	10^{9}	m	mili	10^{-3}
M	mega	10^{6}	μ	micro	10^{-6}
k	kilo	10^{3}	n	nano	10^{-9}
h	hekto	10^{2}	p	pico	10^{-12}
da	deka	10	f	femto	10^{-15}
d	deci	10^{-1}	a	atto	10^{-18}

3. 도량형 환산표

길 이 : 1 kilometer(km)　　　= 1000 meter(m)　　　1 inch(in)　　= 2.540 cm
　　　　1 meter(m)　　　　　= 100 centimeter(cm)　1 foot(ft)　　= 30.48 cm
　　　　1 centimeter(cm)　　= 10^{-2} m　　　　　1 mile(mi)　　= 1.609 km
　　　　1 millimeter(mm)　　= 10^{-3} m　　　　　1 mile　　　= 10^{-3} in
　　　　1 micron(μ)　　　= 10^{-6} m　　　　　1 centimeter = 0.3937 in
　　　　1 millimicron(mμ) = 10^{-9} m　　　　　1 meter　　= 39.37 in
　　　　1 angstrom(　)　　　= 10^{-10} m　　　　　1 kilometer = 0.6214 mile

넓 이 : 1 square meter(m^2) = 10.7 ft^2　　　　　1 square mile(mi^2) = 640 acre
　　　　1 square foot(ft^2)　= 929 cm^2　　　　　1 acre　　　= 43.560 ft^2

부 피 : 1 liter(l) = 1000 cm^3 = 1.057 quart(qt) = 61.02 in^3 = 0.03532 ft^3
　　　　1 cubic meter(m^3) = 1000l = 35.32 ft^3
　　　　1 cubic foot(ft^3) = 7.481 U. S. gal = 0.02832 m^3=28.32l
　　　　1 U. S. gallon(gal) = 231 in^3 = 3.785l
　　　　1 British gallon = 1.201 U. S. gallon = 277.4 in^3

질 량 : 1 kilogram(kg) = 2.2046 pound(lb) = 0.06852 slug
　　　　1 lb = 453.6 gm = 0.03108 slug
　　　　1 slug = 32.17 lb = 24.59 kg

4. 그리스 문자

그리스 문자		호　칭		그리스 문자		호　칭	
A	α	alpha	알 파	N	ν	nu	뉴 우
B	β	beta	베 타	Ξ	ξ	xi	크 사 이
Γ	γ	gamma	감 마	O	o	omicron	오미크론
Δ	$\delta(\partial)$	delta	델 타	Π	π	pi	파 이
E	ϵ	epsilon	잎실론	P	ρ	rho	로 오
Z	ζ	zeta	제 타	Σ	σ	sigma	시 그 마
H	η	eta	에 타	T	τ	tau	타 우
Θ	$\theta(\vartheta)$	theta	데 타	Y	υ	upsilon	읍 실 론
I	ι	iota	이오타	Φ	$\phi(\varphi)$	phi	화 이
K	κ	kappa	카 파	X	χ	chi	카 이
Λ	λ	lambda	람 다	Ψ	ψ	psi	프 사 이
M	μ	mu	뮤 우	Ω	ω	omega	오 메 가

부록 02

I. 기 하

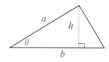

$$\text{넓이} = \frac{1}{2}bh$$
$$= \frac{1}{2}ab\sin\theta$$

(원)

$$\text{넓이} = \pi r^2$$
$$\text{원주} = 2\pi r$$

$$\text{넓이} = \frac{1}{2}r^2\theta$$
$$s = r\theta \quad (s : \text{호})$$

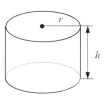

(구)

$$\text{넓이} = 4\pi r^2$$
$$\text{부피} = \frac{4}{3}\pi r^3$$

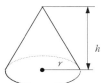

$$\text{부피} = \pi r^2 h$$

$$\text{부피} = \frac{1}{3}\pi r^2 h$$

Ⅱ. 대 수

1. 산술연산

- $a(b+c) = ab + ac$

- $\dfrac{b}{a} + \dfrac{d}{c} = \dfrac{bc + ad}{ac}$

- $\dfrac{b+c}{a} = \dfrac{b}{a} + \dfrac{c}{a}$

- $\dfrac{\frac{d}{c}}{\frac{b}{a}} = \dfrac{d}{c} \times \dfrac{b}{a} = \dfrac{bd}{ac}$

2. 지수와 추상근 법칙

$a^m \times a^n = a^{m+n}$

$a^m \div a^n = a^{m-n}$

$(a^m)^n = a^{mn}$

$a^{-n} = \dfrac{1}{a^n}$

$a^{\frac{m}{n}} = \sqrt[n]{a^m}$

$\left(\dfrac{b}{a}\right)^n = \dfrac{b^n}{a^n}$

$\sqrt[n]{ab} = \sqrt[n]{a}\,\sqrt[n]{b}$

$\sqrt[n]{\sqrt[m]{a}} = \sqrt[mn]{a} = \sqrt[n]{\sqrt[m]{a}}$

$\sqrt[n]{\dfrac{b}{a}} = \dfrac{\sqrt[n]{b}}{\sqrt[n]{a}}$

3. 로그의 성질

$y = \log_a^x \Leftrightarrow x = a^y$

$\log_a^a = 1$

$\log_a^1 = 0 \ (a > 0, \ a \neq 1)$

$\log_a(xy) = \log_a^x + \log_a^y$

$\log_a \dfrac{x}{y} = \log_a^x - \log_a^y$

$\log_c^a = \log_c^b \times \log_b^a$

$\log_b^a \times \log_a^b = 1$

$\log_{10}^x = 0.4343 \lim x$

$\lim x = 2.3026 \log_{10} x$

4. 항등식

$x^2 - y^2 = (x + y)(x - y)$

$x^3 + y^3 = (x + y)(x^2 - xy + y^2)$

$x^3 - y^3 = (x - y)(x^2 + xy + y^2)$

5. 이항정리

$(x + y)^2 = x^2 + 2xy + y^2$

$(x - y)^2 = x^2 - 2xy + y^2$

$(x + y)^3 = x^3 + 3x^2y + 3xy^2 + y^3$

$(x - y)^3 = x^3 - 3x^2y + 3xy^2 - y^3$

$(x + y)^n = x^n + nx^{n-1}y + \dfrac{n(n-1)}{2}x^{n-2}y^2 + \cdots + \binom{n}{k}x^{n-k}y^k + \cdots + nxy^{n-1} + y^n$

$$\left(\text{여기서, } \binom{n}{k} = \frac{k(k-1)\cdots(k-n+1)}{n!}\right)$$

6. 근의 공식

2차 방정식 $ax^2 + bx + c = 0$에서

$$x = \frac{-b \pm \sqrt{b^2 - 4ac}}{2a}$$

7. 부등식과 절대값

$a < b$이고 $b < c$ 이면 $a < c$

$a < b$이면 $a + c < b + c$

$a < b$이고 $\begin{cases} c > 0 \text{이면 } ca < cb \\ c < 0 \text{이면 } ca > cb \end{cases}$

$a > 0$에 대하여 $\begin{cases} |x| = a \text{이면 } x = a \text{ 또는 } x = -a \\ |x| < a \text{이면 } -a < x < a \\ |x| > a \text{이면 } x > a \text{ 또는 } x < -a \end{cases}$

8. 급 수

① 등차급수

a를 초항, d를 공차, n을 항수, l을 말항, S를 총합이라 하면

$$l = a + (n-1)d, \quad S = \frac{1}{2}n(a+l)$$

$$S = a + (a+b) + (a+2d) + ... + \{a + (n-1)d\} = \frac{1}{2}n[2a + (n-1)d]$$

② 등비급수

a를 초항, r을 공비, n을 항수, l을 말항, S를 총합이라 하면

$$l = ar^{n-1}, \quad S = a\frac{1-r^n}{1-r}$$

$$S = a + ar + ar^2 + ... + ar^{n-1} = \frac{a(1-r^n)}{1-r}$$

③ 무한등비급수

a 를 초항, r 을 공비, S 를 총합이라 하면

$$S= a/(1-r)) \quad (단, \ r^2 < 1)$$

9. 산술평균, 기하평균, 조화평균

① 산술평균 $x = \dfrac{1}{n}\displaystyle\sum_{i=1}^{n} x_i$ (예) $\dfrac{a+b}{2}$

② 기하평균 $\mathrm{gm}(x) = (x_1 \cdot x_2 ... x_n)^{1/n}$ (예) $\sqrt{ab}$

③ 조화평균 $\mathrm{hm}(x),$ $\dfrac{1}{\mathrm{hm}(x)} = \dfrac{1}{n}\displaystyle\sum_{i=1}^{n}\dfrac{1}{x_i}$ (예) $\dfrac{2ab}{a+b}$

Cauchy의 정리 $x \geq \mathrm{gm}(x) \geq \mathrm{hm}(x)$ (예) $\dfrac{a+b}{2} \geqq \sqrt{ab} \geqq \dfrac{2ab}{a+b}$

10. 근사치

$|x| \ll 1$ 에 대하여

$(1 \pm x)^2 \fallingdotseq 1 \pm 2x$ 　　　　　$(1 \pm x)^n \fallingdotseq 1 \pm nx$

$\sqrt{1+x} \fallingdotseq 1 + \dfrac{1}{2}x$ 　　　　$\dfrac{1}{\sqrt{1+x}} \fallingdotseq 1 - \dfrac{1}{2}x$

$e^x \fallingdotseq 1 + x$ 　　　　　　　$\ln(1+x) \fallingdotseq x$

$\sin x \fallingdotseq 0$ 　　　　　　　$\sinh x \fallingdotseq x$

$\cos x \fallingdotseq 1$ 　　　　　　$\cosh x \fallingdotseq 1 - x$

$\tan x \fallingdotseq x$ 　　　　　　　$\tanh x \fallingdotseq x$

$\tanh x \fallingdotseq 1$

11. 삼각함수

(1) 보각의 삼각함수

$$\sin(180° \pm \theta) = \mp \sin\theta$$

$$\cos(180° \pm \theta) = -\cos\theta$$

$$\tan(180° \pm \theta) = \pm\sin\theta$$

(2) 여각의 삼각함수

$$\sin(90° \pm \theta) = +\cos\theta$$

$$\cos(90° \pm \theta) = \mp\sin\theta$$

$$\tan(90° \pm \theta) = \mp\cot\theta$$

$$\cot(90° \pm \theta) = \mp\tan\theta$$

(3) 같은 각의 삼각함수 사이의 관계

① $\begin{cases} \sin A\,\mathrm{cosec}\,A = 1 \\ \cos A\sec A = 1 \\ \tan A\cot A = 1 \end{cases}$
② $\begin{cases} \sin^2 A + \cos^2 A = 1 \\ \sec^2 A = 1 + \tan^2 A \\ \mathrm{cosec}^2 A = 1 + \cot^2 A \end{cases}$

③ $\tan A = \dfrac{\sin A}{\cos A}$

(4) 가법정리

$$\sin(A \pm B) = \sin A\cos B \pm \cos A\sin B$$

$$\cos(A \pm B) = \cos A\cos B \mp \sin A\sin B$$

(5) 배각의 공식

$$\sin 2A = 2\sin A\cos A$$

$$\cos 2A = 2\cos^2 A - 1 = 1 - 2\sin^2 A = \cos^2 A - \sin^2 A$$

$$\tan 2A = \frac{2\tan A}{1 - \tan^2 A}$$

(6) 반각의 공식

$$\sin\frac{A}{2} = \pm\sqrt{\frac{1 - \cos A}{2}}$$

$$\cos\frac{A}{2} = \pm\sqrt{\frac{1 + \cos A}{2}}$$

$$\tan \frac{A}{2} = \pm \sqrt{\frac{1-\cos A}{1+\cos A}} = \frac{1-\cos A}{\sin A} = \frac{\sin A}{1+\cos A}$$

(7) 합을 곱으로 고치는 공식

$$\sin A + \sin B = 2 \sin \frac{1}{2} (A+B) \cos \frac{1}{2} (A-B)$$

$$\sin A - \sin B = 2 \cos \frac{1}{2} (A+B) \sin \frac{1}{2} (A-B)$$

$$\cos A + \cos B = 2 \cos \frac{1}{2} (A+B) \cos \frac{1}{2} (A-B)$$

$$\cos A - \cos B = -2 \sin \frac{1}{2} (A+B) \sin \frac{1}{2} (A-B)$$

(8) 곱을 합으로 고치는 공식

$$\sin A \cos B = \frac{1}{2} \{ \sin (A+B) + \sin (A-B) \}$$

$$\cos A \sin B = \frac{1}{2} \{ \sin (A+B) - \sin (A-B) \}$$

$$\sin A \sin B = \frac{1}{2} \{ \cos (A-B) - \cos (A+B) \}$$

$$\cos A \cos B = \frac{1}{2} \{ \cos (A-B) + \cos (A+B) \}$$

(9) 반각 및 2배각에 관한 공식

① $\begin{cases} \sin A = 2 \sin \dfrac{A}{2} \cos \dfrac{A}{2} \\ \cos A = \cos^2 \dfrac{A}{2} - \sin^2 \dfrac{A}{2} \end{cases}$

② $\begin{cases} 2 \sin^2 A = 1 - \cos 2A \\ 2 \cos^2 A = 1 + \cos 2A \end{cases}$ $\begin{cases} 2 \sin^2 \dfrac{A}{2} = 1 - \cos A \\ 2 \cos^2 \dfrac{A}{2} = 1 + \cos A \end{cases}$

(10) 상수를 갖는 같은 각의 정현과 여현의 합을 단항식으로 만드는 법

$$a \cos A + b \sin A = \sqrt{a^2 + b^2} \cos (A - \theta) \quad (단, \ \theta = \tan^{-1} \frac{b}{a})$$

(11) 삼각형의 두 변 a, b와 그 사이각 θ를 알고 맞변 P를 구하는 공식

$$P = \sqrt{a^2 + b^2 - 2ab\cos\theta}$$

(12) 호도법

$$1[\text{rad}] = \frac{360°}{2\pi} = 57°17'45'' = 3437'45''$$

(13) 삼각함수와 지수함수의 관계

$$\sin x = \frac{1}{2j}(e^{jx} - e^{-jx}) \qquad \cos x = \frac{1}{2}(e^{jx} + e^{-jx})$$

$$\tan x = -j\frac{e^{2jx} - 1}{e^{2jx} + 1} = \frac{1}{j}\frac{e^{jx} - e^{-jx}}{e^{jx} + e^{-jx}}$$

$$e^{jx} = \cos x + j\sin x \qquad e^{-jx} = \cos x - j\sin x$$

(14) 특수각의 삼각함수

각도	sin	cos	tan	cot	sec	cosec	라디안
0°	0	1	0		1		0
30°	$\dfrac{1}{2}$	$\dfrac{\sqrt{3}}{2}$	$\dfrac{\sqrt{3}}{3}$	$\sqrt{3}$	$\dfrac{2\sqrt{3}}{3}$	2	$\dfrac{1}{6}\pi$
45°	$\dfrac{\sqrt{2}}{2}$	$\dfrac{\sqrt{2}}{2}$	1	1	$\sqrt{2}$	$\sqrt{2}$	$\dfrac{1}{4}\pi$
60°	$\dfrac{\sqrt{3}}{2}$	$\dfrac{1}{2}$	$\sqrt{3}$	$\dfrac{\sqrt{3}}{3}$	2	$\dfrac{2\sqrt{3}}{3}$	$\dfrac{1}{3}\pi$
90°	1	0		0		1	$\dfrac{1}{2}\pi$
180°	0	−1	0		−1		π
270°	−1	0		0		−1	$\dfrac{3}{2}\pi$
360°	0	1	0		1		2π

(15) 역삼각함수의 공식

$a > 0$ 이면

$$\sin^{-1}(-a) = -\sin^{-1}a, \qquad \cot^{-1}(-a) = \pi - \tan^{-1}(1/a)$$

$$\cos^{-1}(-a) = \pi - \cos^{-1}a, \qquad \sec^{-1}(-a) = \cos^{-1}(1/a) - \pi$$

$$\tan^{-1}(-a) = -\tan^{-1}a, \qquad \cosec^{-1}(-a) = \sin^{-1}(1/a) - \pi$$

$$\sin^{-1}a = \cos^{-1}\sqrt{1-a^2}, \qquad \cos^{-1}a = \sin^{-1}\sqrt{1-a^2}$$

$a > 0, \quad b > 0$ 이면

$$\sin^{-1}a - \sin^{-1}b = \sin^{-1}(a\sqrt{1-b^2} - b\sqrt{1-a^2})$$

$$\tan^{-1}a - \tan^{-1}b = \tan^{-1}(a-b)/(1+ab)$$

12. 쌍곡선함수

$$\sinh(-x) = -\sinh x \qquad \sinh(0) = 0 \qquad \sinh(\pm\infty) = \pm\infty$$

$$\cosh(-x) = \cosh x \qquad \cosh(0) = 1 \qquad \cosh(\pm\infty) = +\infty$$

$$\tanh(-x) = -\tanh x \qquad \tanh(0) = 0 \qquad \tanh(\pm\infty) = \pm 1$$

$$\cosh^2 x - \sinh^2 x = 1 \qquad \sinh 2x = 2\sinh x \cosh x$$

$$1 - \tanh^2 x = \operatorname{sech} x \qquad \cosh 2x = \cosh^2 x + \sinh^2 x$$

$$1 - \coth^2 x = -\operatorname{cosech}^2 x \qquad \tanh 2x = \frac{2\tanh x}{1 + \tanh^2 x}$$

$$\sinh(x \pm y) = \sinh x \cosh y \pm \cosh x \sinh y$$

$$\cosh(x \pm y) = \cosh x \cosh y \pm \sinh x \sinh y$$

$$\tanh(x \pm y) = \frac{\tanh x \pm \tanh y}{1 \pm \tanh x \tanh y}$$

$$\sinh x + \sinh y = 2\sinh\frac{x+y}{2}\cosh\frac{x-y}{2}$$

$$\sinh x - \sinh y = 2\cosh\frac{x+y}{2}\sinh\frac{x-y}{2}$$

$$\cosh x + \cosh y = 2\cosh\frac{x+y}{2}\cosh\frac{x-y}{2}$$

$$\cosh x - \cosh y = 2\sinh\frac{x+y}{2}\sinh\frac{x-y}{2}$$

$$\sinh x \sinh y = \frac{1}{2}[\cosh(x+y) - \cosh(x-y)]$$

$$\cosh x \cosh y = \frac{1}{2}[\cosh(x+y) + \cosh(x-y)]$$

$$\sinh x \cosh y = \frac{1}{2}[\sinh(x+y) + \sinh(x-y)]$$

$$\sinh\frac{x}{2} = \sqrt{\frac{1}{2}(\cosh x - 1)} \quad \cosh\frac{x}{2} = \sqrt{\frac{1}{2}(\cosh x + 1)}$$

$$\tanh\frac{x}{2} = \frac{\cosh x - 1}{\sinh x} = \frac{\sinh x}{\cosh x + 1}$$

$$\sinh x = \frac{1}{2}(e^x - e^{-x}) \qquad \cosh x = \frac{1}{2}(e^x + e^{-x})$$

$$e^x = \cosh x + \sinh x \qquad e^{-x} = \cosh x - \sinh x$$

13. 삼각함수와 쌍곡선함수

$$\sinh jx = j\sin x \qquad\qquad \sinh x = -j\sin jx$$

$$\cosh jx = \cos x \qquad\qquad \cosh x = \cos jx$$

$$\tanh jx = j\tan x \qquad\qquad \tanh x = -j\tan jx$$

$$\sinh(x \pm jy) = \sinh x \cos y \pm j\cosh x \sin y = \pm j\sin(y \mp jx)$$

$$\cosh(x \pm jy) = \cosh x \cos y \pm j\sinh x \sin y = \cos(y \mp jx)$$

$$\sin(x \pm jy) = \sin x \cosh y \pm j\cos x \sinh y = \pm j\sinh(y \mp jx)$$

$$\cos(x \pm jy) = \cos x \cosh y \pm j\sin x \sinh y = \cosh(y \mp jx)$$

14. 역쌍곡선함수

$$\sinh^{-1} x = \cosh^{-1}\sqrt{x^2+1} = \log(x + \sqrt{x^2+1}) = \int \frac{dx}{\sqrt{x^2+1}}$$

$$\cosh^{-1} x = \sinh^{-1}\sqrt{x^2-1} = \log(x + \sqrt{x^2-1}) = \int \frac{dx}{\sqrt{x^2-1}}$$

$$\tanh^{-1} x = \frac{1}{2}\log\frac{1+x}{1-x} = \int \frac{dx}{1-x^2} \quad (x^2 < 1)$$

$$\coth^{-1} x = \frac{1}{2}\log\frac{x+1}{x-1} = \int \frac{dx}{1-x^2} \quad (x^2 > 1)$$

15. 미분공식

(1) $\dfrac{dc}{dx} = 0$　　(c :상수)

(2) $\dfrac{d}{dx}(cu) = c\dfrac{du}{dx}$　　(c :상수)

(3) $\dfrac{d}{dx}(u \pm v) = \dfrac{du}{dx} \pm \dfrac{dv}{dx}$

(4) $\dfrac{d}{dx}(uv) = v\dfrac{du}{dx} + u\dfrac{dv}{dx}$

(5) $\dfrac{d}{dx}\left(\dfrac{u}{v}\right) = \dfrac{v\dfrac{du}{dx} - u\dfrac{dv}{dx}}{v^2}$

(6) $\dfrac{dy}{dx} = \dfrac{dy}{du} \cdot \dfrac{du}{dx}$

(7) $y = x^m$ 　　　　　　$y' = m\,x^{m-1}$

(8) $y = e^x$ 　　　　　　$y' = e^x$

(9) $y = a^x$ 　　　　　　$y' = a^x \log a$

(10) $y = \log x$ 　　　　$y' = \dfrac{1}{x}$

(11) $y = \sin x$ 　　　　$y' = \cos x$

(12) $y = \cos x$ 　　　　$y' = -\sin x$

(13) $y = \tan x$ 　　　　$y' = \dfrac{1}{\cos^2 x} = \sec^2 x$

(14) $y = \cot x$ 　　　　$y' = -\dfrac{1}{\sin^2 x} = -\operatorname{cosec}^2 x$

(15) $y = \sec x$ 　　　　$y' = \sec x \cdot \tan x$

(16) $y = \operatorname{cosec} x$ 　　　$y' = -\operatorname{cosec} x \tan x$

(17) $y = \sin ax$ 　　　　$y' = a\cos ax$

(18) $y = \cos ax$ 　　　　$y' = -a\sin ax$

(19) $y = \sin^{-1} x$ 　　　$y' = \pm\dfrac{1}{\sqrt{1-x^2}}$

$$\left(\begin{array}{l} + :\ 2\pi n - \dfrac{\pi}{2} < y < 2\pi n + \dfrac{\pi}{2} \\[2mm] - :\ 2\pi n + \dfrac{\pi}{2} < y < 2\pi n + \dfrac{3\pi}{2} \end{array}\right)$$

(20) $y = \cos^{-1} x$ $\qquad y' = \mp \dfrac{1}{\sqrt{1 - x^2}}$

$$\begin{pmatrix} - : & 2\pi n < y < (2n+1)\pi \\ + : & (2n+1)\pi < y < (2n+2)\pi \end{pmatrix}$$

(21) $y = \tan^{-1} x$ $\qquad y' = \dfrac{1}{1 + x^2}$

(22) $y = \sinh x$ $\qquad y' = \cosh x$

(23) $y = \cosh x$ $\qquad y' = \sinh x$

(24) $y = \tanh x$ $\qquad y' = \operatorname{sech}^2 x$

(25) $y = \cosh^{-1} x$ $\qquad y' = -\operatorname{cosech}^2 x$

(26) $y = \sinh^{-1} x$ $\qquad y' = \dfrac{1}{\sqrt{1 + x^2}}$

(27) $y = \cosh^{-1} x$ $\qquad y' = \pm \dfrac{1}{\sqrt{x^2 - 1}} \quad (x^2 > 1)$

(28) $y = \tanh^{-1} x$ $\qquad y' = \dfrac{1}{1 - x^2} \quad (1 > x^2)$

(29) $y = \coth^{-1} x \; y' = -\dfrac{1}{x^2 - 1} \quad (x^2 > 1)$

16. 적분공식(적분상수는 생략함)

(1) $\displaystyle\int a\,dx = ax$

(2) $\displaystyle\int a \cdot f(x)\,dx = a\int f(x)\,dx$

(3) $\displaystyle\int \phi(y)\,dx = \int \dfrac{\phi(y)}{y'}\,dy, \quad y' = dy/x$

(4) $\displaystyle\int (u+v)\,dx = \int u\,dx + \int v\,dx$

(5) $\displaystyle\int u\,dv = uv - \int v\,du$

(6) $\displaystyle\int u\dfrac{dv}{dx}\,dx = uv - \int v\dfrac{du}{dx}\,dx$

(7) $\displaystyle\int x^n\,dx = x^{n+1}/n+1, \;(n \neq -1)$

(8) $\displaystyle\int \frac{f'(x)\,dx}{f(x)} = \log f(x), \quad [df(x) = f'(x)\,dx]$

(9) $\displaystyle\int \frac{dx}{x} = \log x$

(10) $\displaystyle\int \frac{f'(x)\,dx}{2\sqrt{f(x)}} = \sqrt{f(x)}, \quad [df(x) = f'(x)\,dx]$

(11) $\displaystyle\int e^x\,dx = e^x$

(12) $\displaystyle\int e^{ax}\,dx = e^{ax}/a$

(13) $\displaystyle\int b^{ax}\,dx = \frac{b^{ax}}{a\log b}$

(14) $\displaystyle\int \log x\,dx = x\log x - x$

(15) $\displaystyle\int a^x \log a\,dx = a^x$

(16) $\displaystyle\int \frac{dx}{a^2+x^2} = \frac{1}{a}tan^{-1}\left(\frac{x}{a}\right),\ \ \text{또는}\ -\frac{1}{a}\cot^{-1}\left(\frac{x}{a}\right)$

(17) $\displaystyle\int \frac{dx}{a^2-x^2} = \frac{1}{a}tanh^{-1}\left(\frac{x}{a}\right),\ \ \text{또는}\ \frac{1}{2a}\log\left(\frac{a+x}{a-x}\right)$

(18) $\displaystyle\int \frac{dx}{x^2-a^2} = -\frac{1}{a}coth^{-1}\left(\frac{x}{a}\right),\ \ \text{또는}\ \frac{1}{2a}\log\left(\frac{x-a}{x+a}\right)$

(19) $\displaystyle\int \frac{dx}{a^2-x^2} = \sin^{-1}\left(\frac{x}{a}\right),\ \ \text{또는}\ -\cos^{-1}\left(\frac{x}{a}\right)$

(20) $\displaystyle\int \frac{dx}{x^2\pm a^2} = \log\left(x+\sqrt{x^2\pm a^2}\right)$

(21) $\displaystyle\int \frac{dx}{x\sqrt{x^2-a^2}} = \frac{1}{a}cos^{-1}\left(\frac{a}{x}\right)$

(22) $\displaystyle\int \frac{dx}{x\sqrt{a^2\pm x^2}} = -\frac{1}{a}log\left(\frac{a+\sqrt{a^2\pm x^2}}{x}\right)$

(23) $\displaystyle\int \frac{dx}{x\sqrt{a+bx}} = \frac{2}{\sqrt{-a}}tan^{-1}\sqrt{\frac{a+bx}{-a}},\ \ \text{또는}\ \frac{-2}{\sqrt{a}}\tanh^{-1}\sqrt{\frac{a+bx}{a}}$

$(a+bx)$ 형식

(24) $\displaystyle\int (a+bx)^n\,dx = \frac{(a+bx)^{n+1}}{(n+1)b} \quad (n \neq -1)$

(25) $\displaystyle\int x\,(a+bx)^n\,dx = \frac{1}{b^2(n+2)}(a+bx)^{n+2} - \frac{a}{b^2(n+1)}(a+bx)^{n+1}$

$(n=-1$ 또는 -2 제외$)$

(26) $\displaystyle\int x^2(a+bx)^n\,dx = \frac{1}{b^3}\left[\frac{(a+bx)^{n+3}}{n+3} - 2a\frac{(a+bx)^{n+2}}{n+2} + a^2\frac{(a+bx)^{n+1}}{n+1}\right]$

(27) $\displaystyle\int x^m(a+bx)^n\,dx = \frac{x^{m+1}(a+bx)^n}{m+n+1} + \frac{an}{m+n+1}\int x^m(a+bx)^{n-1}\,dx$

(28) $\displaystyle\int \frac{dy}{a+bx} = \frac{1}{b}\log(a+bx)$

(29) $\displaystyle\int \frac{dx}{(a+bx)^2} = -\frac{1}{b(a+bx)}$

(30) $\displaystyle\int \frac{dx}{(a+bx)^3} = -\frac{1}{2b(a+bx)^2}$

(31) $\displaystyle\int \frac{x\,dx}{(a+bx)^2} = \frac{1}{b^2}[a+bx-a\log(a+bx)]$

(32) $\displaystyle\int \frac{x\,dx}{(a+bx)^2} = \frac{1}{b^2}\left[\log(a+bx) + \frac{a}{a+bx}\right]$

(33) $\displaystyle\int \frac{x\,dx}{(a+bx)^3} = \frac{1}{b^2}\left[-\frac{1}{a+bx} + \frac{a}{2(a+bx)^2}\right]$

(34) $\displaystyle\int \frac{x^2dx}{a+bx} = \frac{1}{b^3}\left[\frac{1}{2}(a+bx)^2 - 2a(a+bx) + a^2\log(a+bx)\right]$

(35) $\displaystyle\int \frac{x^2dx}{(a+bx)^2} = \frac{1}{b^3}\left[a+bx - 2a\log(a+bx) - \frac{a^2}{a+bx}\right]$

(36) $\displaystyle\int \frac{x^2dx}{(a+bx)^3} = \frac{1}{b^3}\left[\log(a+bx) + \frac{2a}{(a+bx)} - \frac{a^2}{2(a+bx)^2}\right]$

(37) $\displaystyle\int \frac{dx}{x(a+bx)} = -\frac{1}{a}\log\frac{a+bx}{x}$

(38) $\displaystyle\int \frac{dx}{x(a+bx)^2} = \frac{1}{a(a+bx)} - \frac{1}{a^2}\log\frac{a+bx}{x}$

(39) $\displaystyle\int \frac{dx}{x^2(a+bx)} = -\frac{1}{ax} + \frac{b}{a^2}\log\frac{a+bx}{x}$

(40) $\displaystyle\int \frac{dx}{x^2(a+bx)^2} = -\frac{a+2bx}{a^2x(a+bx)} + \frac{2b}{a^3}\log\frac{a+bx}{x}$

$c^2 \pm x^2,\ x^2 - c^2$ 형식

(41) $\displaystyle\int \frac{dx}{c^2 + x^2} = \frac{1}{c}\tan^{-1}\frac{x}{c}$, 또는 $\dfrac{1}{c}\sin^{-1}\dfrac{x}{\sqrt{c^2 + x^2}}$

(42) $\displaystyle\int \frac{dx}{c^2 - x^2} = \frac{1}{2c}log\frac{c+x}{c-x}$, 또는 $\dfrac{1}{c}\tanh^{-1}\left(\dfrac{x}{c}\right)$

(43) $\displaystyle\int \frac{dx}{x^2 - c^2} = \frac{1}{2c}\log\frac{x-c}{x+c}$, 또는 $-\dfrac{1}{c}\coth^{-1}\left(\dfrac{x}{c}\right)$

$x + bx$ 및 $a' + b'x$ 형식

(44) $\displaystyle\int \frac{dx}{(a+bx)(a'+b'x)} = \frac{1}{ab'-a'b}\cdot \log\left(\frac{a'+b'x}{a+bx}\right)$

(45) $\displaystyle\int x\,\frac{dx}{(a+bx)(a'+b'x)} = \frac{1}{ab'-a'b}\cdot\left[\frac{a}{b}\log(a+bx) - \frac{a'}{b'}log(a'+b'x)\right]$

(46) $\displaystyle\int \frac{dx}{(a+bx)^2(a'+b'x)} = \frac{1}{ab'-a'b}\left(\frac{1}{a+bx} + \frac{b'}{ab'-a'b}\log\frac{a'+b'x}{a+bx}\right)$

(47) $\displaystyle\int \frac{x\,dx}{(a+bx)^2(a'+b'x)} = \frac{-a}{b(ab'-a'b)(a+bx)} - \frac{a'}{(ab'-a'b)^2}\log\frac{a'+b'x}{a+bx}$

(48) $\displaystyle\int \frac{x^2\,dx}{(a+bx)^2(a'+b'x)} = \frac{a^2}{b^2(ab'-a'b)(a+bx)} + \frac{1}{(ab'-a'b)^2}$

$\qquad\qquad \cdot \left[\dfrac{a'^2}{b'}\log(a'+b'x) + \dfrac{a(ab'-2a'b)}{b^2}\log(a+bx)\right]$

(49) $\displaystyle\int \frac{dx}{(a+bx)^n(a'+b'x)^m} = \frac{1}{(m-1)(ab'-a'b)}$

$\qquad\qquad \cdot \left\{\dfrac{1}{(a+bx)^{n-1}(a'+b'x)^{m-1}} - (m+n-2)b\displaystyle\int\dfrac{dx}{(a+bx)^n(a'+b'x)^{m-1}}\right\}$

$\sqrt{a+bx},\ \sqrt{a'+b'x}$ 형식

$u = a+bx, v = a'+b'x$ 및 $k = ab'-a'b$ 라 두면

(50) $\displaystyle\int \sqrt{uv}\,dx = \frac{k+2bv}{4bb'}\sqrt{uv} - \frac{k^2}{8bb'}\int\frac{dx}{\sqrt{uv}}$

(51) $\displaystyle\int \frac{dx}{v\sqrt{u}} = \frac{1}{\sqrt{kb'}}\log\frac{b'\sqrt{u}-\sqrt{kb'}}{b'\sqrt{u}+\sqrt{kb'}} = \frac{2}{\sqrt{-kb'}}tan^{-1}\frac{b\sqrt{u}}{\sqrt{-kb'}}$

(52) $\displaystyle\int \frac{dx}{\sqrt{uv}} = \frac{2}{\sqrt{bb'}} \log\left(\sqrt{bb'u} + b\sqrt{v} \right) = \frac{2}{\sqrt{-bb'}} tan^{-1} \sqrt{\frac{-b'u}{bv}}$

$\qquad$ 또는 $\displaystyle \frac{2}{\sqrt{bb'}} tan^{-1} \sqrt{\frac{b'u}{v}} = \frac{1}{\sqrt{-bb'}} sin^{-1} \frac{2bb'x + a'b + ab'}{k}$

(53) $\displaystyle\int \frac{x\,dx}{\sqrt{uv}} = \frac{\sqrt{uv}}{bb'} - \frac{ab' + a'b}{2bb'} \int \frac{dx}{\sqrt{uv}}$

(54) $\displaystyle\int \frac{dx}{v\sqrt{uv}} = -\frac{2\sqrt{u}}{k\sqrt{v}}$

(55) $\displaystyle\int \frac{\sqrt{v}\,dx}{\sqrt{u}} = \frac{1}{b}\sqrt{uv} - \frac{k}{2b} \int \frac{dx}{\sqrt{uv}}$

(56) $\displaystyle\int v^m \sqrt{u}\,dx = \frac{1}{(2m+3)b'} \left(2v^{m+1} + k \int \frac{v^m dx}{\sqrt{u}} \right)$

(57) $\displaystyle\int \frac{dx}{v^m \sqrt{u}} = -\frac{1}{(m-1)k} \left\{ \frac{\sqrt{u}}{v^{m-1}} + \left(m - \frac{3}{2} \right) b \int \frac{dx}{v^{m-1}\sqrt{u}} \right\}$

$(a+bx^n)$ 형식

(58) $\displaystyle\int \frac{dx}{a+bx^2} = \frac{1}{\sqrt{ab}} tan^{-1} \frac{x\sqrt{ab}}{a}$

(59) $\displaystyle\int \frac{dx}{a+bx^2} = \frac{1}{2\sqrt{-ab}} log \frac{a + x\sqrt{-ab}}{a - x\sqrt{-ab}}$ $\quad$ 또는 $\quad \displaystyle \frac{1}{\sqrt{-ab}} tanh^{-1} \frac{x\sqrt{-ab}}{a}$

(60) $\displaystyle\int \frac{x\,dx}{a+bx^2} = \frac{1}{2b} \log\left(x^2 + \frac{a}{b} \right)$

(61) $\displaystyle\int \frac{x^2 dx}{a+bx^2} = \frac{x}{b} - \frac{a}{b} \int \frac{dx}{a+bx^2}$

(62) $\displaystyle\int \frac{dx}{(a+bx^2)^2} = \frac{x}{2a(a+bx^2)} + \frac{1}{2a} \int \frac{dx}{a+bx^2}$

(63) $\displaystyle\int \frac{dx}{(a+bx^2)^{m+1}} = \frac{1}{2ma} \frac{x}{(a+bx^2)^m} + \frac{2m-1}{2ma} \int \frac{dx}{(a+bx^2)^m}$

(64) $\displaystyle\int \frac{x\,dx}{(a+bx^2)^{m+1}} = \frac{1}{2} \int \frac{dz}{(a+bz)^{m+1}} \quad (z = x^2)$

(65) $\displaystyle\int \frac{x^2 dx}{(a+bx^2)^{m+1}} = \frac{-x}{2mb(a+bx^2)^m} + \frac{1}{2mb} \int \frac{dx}{(a+bx^2)^m}$

(66) $\displaystyle\int \frac{dx}{x^2(a+bx^2)^{m+1}} = \frac{1}{a} \int \frac{dx}{x^2(a+bx^2)^m} - \frac{b}{a} \int \frac{dx}{(a+bx^2)^{m+1}}$

(67) $\displaystyle\int \frac{dx}{x(a+bx^2)} = \frac{1}{2a}\log\frac{x^2}{a+bx^2}$

(68) $\displaystyle\int \frac{dx}{x^2(a+bx^2)} = -\frac{1}{ax} - \frac{b}{a}\int \frac{dx}{a+bx^2}$

(69) $\displaystyle\int \frac{dx}{a+bx^3} = \frac{k}{3a}\left[\frac{1}{2}\log\frac{(k+x)^2}{k^2-kx+x^2} + \sqrt{3}\,\tan^{-1}\frac{2x-k}{k\sqrt{3}}\right]\ (bk^3 = a)$

(70) $\displaystyle\int \frac{x\,dx}{a+bx^3} = \frac{1}{3bk}\left[\frac{1}{2}\log\frac{k^2-kx+x^2}{(k+x)^2} + \sqrt{3}\,\tan^{-1}\frac{2x-k}{k\sqrt{3}}\right]\ (bk^3 = a)$

(71) $\displaystyle\int \frac{dx}{(a+bx^n)} = \frac{1}{an}\log\frac{x^n}{a+bx^n}$

(72) $\displaystyle\int \frac{dx}{(a+bx^n)^{m+1}} = \frac{1}{a}\int \frac{dx}{(a+bx^n)^m} - \frac{b}{a}\int \frac{x^n dx}{(a+bx^n)^{m+1}}$

(73) $\displaystyle\int \frac{x^m dx}{(a+bx^n)^{p+1}} = \frac{1}{b}\int \frac{x^{m-n}dx}{(a+bx^n)^p} - \frac{a}{b}\int \frac{x^{m-n}dx}{(a+bx^n)^{p+1}}$

(74) $\displaystyle\int \frac{dx}{x^m(a+bx^n)^{p+1}} = \frac{1}{a}\int \frac{dx}{x^m(a+bx^n)^p} - \frac{b}{a}\int \frac{dx}{x^{m-n}(a+bx^n)^{p+1}}$

(75) $\displaystyle\int x^m(a+bx^n)^p dx = \frac{x^{m-n+1}(a+bx^n)^{p+1}}{b(np+m+1)}$
$$- \frac{a(m-n+1)}{b(np+m+1)}\int x^{m-n}(a+bx^n)^p dx$$

(76) $\displaystyle\int x^m(a+bx^n)^p dx = \frac{x^{m+1}(a+bx^n)^p}{np+m+1} + \frac{anp}{np+m+1}\int x^m(a+bx^n)^{p-1} dx$

(77) $\displaystyle\int x^{m-1}(a+bx^n)^p dx = \frac{1}{b(m+np)}[x^{m-n}(a+bx^n)^{p+1}$
$$- (m-n)a\int x^{m-n-1}(a+bx^n)^p dx]$$

(78) $\displaystyle\int x^{m-1}(a+bx^n)^p dx = \frac{1}{m+np}[x^m(a+bx^n)^p + npa\int x^{m-1}(a+bx^n)^{p-1} dx]$

(79) $\displaystyle\int x^{m-1}(a+bx^n)^p dx = \frac{1}{ma}[x^m(a+bx^n)$
$$- (m+np+n)b\int x^{m+n-1}(a+bx^n)^p dx]$$

(80) $\displaystyle\int x^{m-1}(a+bx^n)^p dx = \frac{1}{an(p+1)}[-x^m(a+bx^n)^{p+1}$
$$+ (m+np+n)\int x^{m-1}(a+bx^n)^{p+1} dx]$$

$(a+bx+cx^2)$ 형식

$X= a+bx+cx^2$ 및 $q= 4ac-b^2$ 라 두면

(81) $\displaystyle\int \frac{dx}{X} = \frac{2}{\sqrt{q}} tan^{-1} \frac{2cx+b}{\sqrt{q}}$

(82) $\displaystyle\int \frac{dx}{X} = \frac{-2}{\sqrt{-q}} tanh^{-1} \frac{2cx+b}{\sqrt{-q}}$

(83) $\displaystyle\frac{dx}{X} = \frac{1}{\sqrt{-q}} log \frac{2cx+b-\sqrt{-q}}{2cx+b+\sqrt{-q}}$

(84) $\displaystyle\int \frac{dx}{X^2} = \frac{2cx+b}{qX} + \frac{2c}{q} \int \frac{dx}{X}$

(85) $\displaystyle\int \frac{dx}{X^3} = \frac{2cx+b}{q} \left(\frac{1}{2X^2} + \frac{3c}{qX} \right) + \frac{6c^2}{q^2} \int \frac{dx}{X}$

(86) $\displaystyle\int \frac{dx}{X^{n+1}} = \frac{2cx+b}{nqX^n} + \frac{2(2n-1)c}{qn} \int \frac{dx}{X^n}$

(87) $\displaystyle\int \frac{x\,dx}{X} = \frac{1}{2c} log\,X - \frac{b}{2c} \int \frac{dx}{X}$

(88) $\displaystyle\int \frac{x\,dx}{X^2} = -\frac{bx+2a}{qX} - \frac{b}{q} \int \frac{dx}{X}$

(89) $\displaystyle\int \frac{x\,dx}{X^{n+1}} = -\frac{2a+bx}{nqX^n} - \frac{b(2n-1)}{nq} \int \frac{dx}{X^n}$

(90) $\displaystyle\int \frac{x^2}{X} dx = \frac{x}{c} - \frac{b}{2c^2} \log X + \frac{b^2-2ac}{2c^2} \int \frac{dx}{X}$

(91) $\displaystyle\int \frac{x^2}{X^2} dx = \frac{(b^2-2ac)x+ab}{cqX} + \frac{2a}{q} \int \frac{dx}{X}$

(92) $\displaystyle\int \frac{x^m dx}{X^{n+1}} = -\frac{x^{m-1}}{(2n-m+1)cX^n} - \frac{n-m+1}{2n-m+1} \cdot \frac{b}{c} \int \frac{x^{m-1}dx}{X^{n+1}}$

$\displaystyle\qquad\qquad + \frac{m-1}{2n-m+1} \cdot \frac{a}{c} \int \frac{x^{m-2}dx}{X^{n+1}}$

(93) $\displaystyle\int \frac{dx}{xX} = \frac{b}{2a} \log \frac{x^2}{X} - \frac{b}{2a} \int \frac{dx}{X}$

(94) $\displaystyle\int \frac{dx}{x^2 X} = \frac{b}{2a^2} \log \frac{X}{x^2} - \frac{1}{ax} + \left(\frac{b^2}{2a^2} - \frac{c}{a} \right) \int \frac{dx}{X}$

(95) $\displaystyle\int \frac{dx}{xX^n} = \frac{1}{2a(n-1)X^{n-1}} - \frac{b}{2a} \int \frac{dx}{X^n} + \frac{1}{a} \int \frac{dx}{xX^{n-1}}$

(96) $\displaystyle\int \frac{dx}{x^m X^{n+1}} = -\frac{1}{(m-1)ax^{m-1}X^n} - \frac{n+m-1}{m-1} \cdot \frac{b}{a} \int \frac{dx}{x^{m-1}X^{n+1}}$

$\displaystyle\qquad\qquad -\frac{2n+m-1}{m-1} \cdot \frac{c}{a} \int \frac{dx}{x^{m-2}X^{n+1}}$

$\sqrt{a+bx}$ 형식

(97) $\displaystyle\int \sqrt{a+bx}\ dx = \frac{2}{3b}\sqrt{(a+bx)^3}$

(98) $\displaystyle\int x\sqrt{a+bx}\ dx = -\frac{2(2a-3bx)\sqrt{(a+bx)^3}}{15b^2}$

(99) $\displaystyle\int x^2\sqrt{a+bx}\ dx = \frac{2(8a^2-12abx+15b^2x^2)\sqrt{(a+bx)^3}}{105b^3}$

(100) $\displaystyle\int \frac{\sqrt{a+bx}}{x}dx = 2\sqrt{a+bx} + a\int \frac{dx}{x\sqrt{a+bx}}$

(101) $\displaystyle\int \frac{dx}{\sqrt{a+bx}} = \frac{2\sqrt{a+bx}}{b}$

(102) $\displaystyle\int \frac{x\ dx}{\sqrt{a+bx}} = -\frac{2(2a-bx)}{3b^2}\sqrt{a+bx}$

(103) $\displaystyle\int \frac{x^2dx}{\sqrt{a+bx}} = \frac{2(8a^2-4abx+3b^2x^2)}{15b^3}\sqrt{a+bx}$

(104) $\displaystyle\int \frac{x^mdx}{\sqrt{a+bx}} = \frac{2x^m\sqrt{a+bx}}{(2m+1)b} - \frac{2ma}{(2m+1)b}\int \frac{x^{m-1}dx}{\sqrt{a+bx}}$

(105) $\displaystyle\int \frac{dx}{x\sqrt{a+bx}} = \frac{1}{\sqrt{a}}log\left(\frac{\sqrt{a+bx}-\sqrt{a}}{\sqrt{a+bx}+\sqrt{a}}\right)$

(106) $\displaystyle\int \frac{dx}{x\sqrt{a+bx}} = \frac{-2}{\sqrt{a}}tanh^{-1}\sqrt{\frac{a+bx}{a}}$

(107) $\displaystyle\int \frac{dx}{x^2\sqrt{a+bx}} = -\frac{\sqrt{a+bx}}{ax} - \frac{b}{2a}\int \frac{dx}{x\sqrt{a+bx}}$

(108) $\displaystyle\int \frac{dx}{x^n\sqrt{a+bx}} = -\frac{\sqrt{a+bx}}{(n-1)ax^{n-1}} - \frac{(2n-3)b}{(2n-2)a}\int \frac{dx}{x^{n-1}\sqrt{a+bx}}$

(109) $\displaystyle\int (a+bx)^{\pm n/2}dx = \frac{2(a+bx)^{\frac{2\pm n}{2}}}{b(2\pm n)}$

(110) $\displaystyle\int x(a+bx)^{\pm n/2}\,dx = \frac{2}{b^2}\left[\frac{(a+bx)^{\frac{4\pm n}{4}}}{4\pm n} - \frac{(a+bx)^{\frac{2\pm n}{2}}}{2\pm n}\right]$

(111) $\displaystyle\int \frac{dx}{x(a+bx)^{m/2}} = \frac{1}{a}\int \frac{dx}{x(a+bx)^{\frac{m-2}{2}}} - \frac{b}{a}\int \frac{dx}{(a+bx)^{m/2}}$

(112) $\displaystyle\int \frac{(a+bx)^{n/2}\,dx}{x} = b\int (a+bx)^{\frac{n-2}{2}}\,dx + a\int \frac{(a+bx)^{\frac{n-2}{2}}}{x}\,dx$

$\sqrt{x^2 \pm a^2}$ 형식

(113) $\displaystyle\int \sqrt{x^2 \pm a^2}\,dx = \frac{1}{2}[x\sqrt{x^2 \pm a^2} \pm a^2\log(x + \sqrt{x^2 \pm a^2}\,)]$

(114) $\displaystyle\int \frac{dx}{\sqrt{x^2 \pm a^2}} = \log(x + \sqrt{x^2 \pm a^2}\,)$

(115) $\displaystyle\int \frac{dx}{x\sqrt{x^2 - a^2}} = \frac{1}{a}cos^{-1}\left(\frac{1}{a}\right),\ \ \text{또는}\ \ \frac{1}{a}sec^{-1}\left(\frac{x}{a}\right)$

(116) $\displaystyle\int \frac{dx}{x\sqrt{x^2 + a^2}} = -\frac{1}{a}log\left(\frac{a + \sqrt{x^2+a^2}}{x}\right)$

(117) $\displaystyle\int \frac{\sqrt{x^2+a^2}}{x}\,dx = \sqrt{x^2+a^2} - a\log\left(\frac{a + \sqrt{x^2+a^2}}{x}\right)$

(118) $\displaystyle\int \frac{\sqrt{x^2-a^2}}{x}\,dx = \sqrt{x^2-a^2} - a\cos^{-1}\frac{a}{x}$

(119) $\displaystyle\int \frac{x\,dx}{\sqrt{x^2 \pm a^2}} = \sqrt{x^2 \pm a^2}$

(120) $\displaystyle\int x\sqrt{x^2 \pm a^2}\,dx = \frac{1}{3}\sqrt{(x^2 \pm a^2)^3}$

(121) $\displaystyle\int \sqrt{(x^2 \pm a^2)^3}\,dx = \frac{1}{4}\left[x\sqrt{(x^2 \pm a^2)^3} \pm \frac{3a^2x}{2}\sqrt{x^2 \pm a^2}\right.$

$\left. + \frac{3a^4}{2}\log(x + \sqrt{x^2 \pm a^2}\,)\right]$

(122) $\displaystyle\int \frac{dx}{\sqrt{(x^2 \pm a^2)^3}} = \frac{\pm x}{a^2\sqrt{x^2 \pm a^2}}$

(123) $\displaystyle\int \frac{x\,dx}{\sqrt{(x^2 \pm a^2)^3}} = \frac{-1}{\sqrt{x^2 \pm a^2}}$

(124) $\displaystyle\int x\sqrt{(x^2\pm a^2)^3}\,dx=\frac{1}{5}\sqrt{(x^2\pm a^2)^5}$

(125) $\displaystyle\int x^2\sqrt{x^2\pm a^2}\,dx=\frac{x}{4}\sqrt{(x^2\pm a^2)^3}\mp\frac{a^2}{8}x\sqrt{x^2\pm a^2}$

$$-\frac{a^4}{8}\log(x+\sqrt{x^2\pm a^2}\,)$$

(126) $\displaystyle\int\frac{x^2dx}{x\sqrt{x^2\pm a^2}}=\frac{x}{2}\sqrt{x^2\pm a^2}\mp\frac{a^2}{2}\log(x+\sqrt{x^2\pm a^2}\,)$

(127) $\displaystyle\int\frac{dx}{x^2\sqrt{x^2\pm a^2}}=\mp\frac{\sqrt{x^2\pm a^2}}{a^2x}$

(128) $\displaystyle\int\frac{\sqrt{x^2\pm a^2}}{x^2}\,dx=-\frac{\sqrt{x^2\pm a^2}}{x}+\log(x+\sqrt{x^2\pm a^2}\,)$

(129) $\displaystyle\int\frac{x^2dx}{\sqrt{(x^2\pm a^2)^3}}=\frac{-x}{\sqrt{x^2\pm a^2}}+\log(x+\sqrt{x^2\pm a^2}\,)$

$\sqrt{a^2-x^2}$ 형식

(130) $\displaystyle\int\sqrt{a^2-x^2}\,dx=\frac{1}{2}\left[x\sqrt{a^2-x^2}+a^2\sin^{-1}\!\left(\frac{x}{a}\right)\right]$

(131) $\displaystyle\int\frac{dx}{\sqrt{a^2-x^2}}=\sin^{-1}\!\left(\frac{x}{a}\right),\ \ \text{또는}\ -\cos^{-1}\!\left(\frac{x}{a}\right)$

(132) $\displaystyle\int\frac{dx}{x\sqrt{a^2-x^2}}=-\frac{1}{a}\log\!\left(\frac{a+\sqrt{a^2-x^2}}{x}\right)$

(133) $\displaystyle\int\frac{\sqrt{a^2-x^2}}{x}\,dx=\sqrt{a^2-x^2}-a\log\!\left(\frac{a+\sqrt{a^2-x^2}}{x}\right)$

(134) $\displaystyle\int\frac{x\,dx}{\sqrt{a^2-x^2}}\,dx=\sqrt{a^2-x^2}$

(135) $\displaystyle\int x\sqrt{a^2-x^2}\,dx=-\frac{1}{3}\sqrt{(a^2-x^2)^3}$

(136) $\displaystyle\int\sqrt{(a^2-x^2)^3}\,dx=\frac{1}{4}\left[x\sqrt{(a^2-x^2)^3}+\frac{3a^2x}{2}\sqrt{a^2-x^2}+\frac{3a^4}{2}sin^{-1}\frac{x}{a}\right]$

(137) $\displaystyle\int\frac{dx}{\sqrt{(a^2-x^2)^3}}=\frac{x}{a^2\sqrt{a^2-x^2}}$

(138) $\displaystyle\int\frac{x\,dx}{\sqrt{(a^2-x^2)^3}}=\frac{1}{\sqrt{a^2-x^2}}$

(139) $\displaystyle\int x\sqrt{(a^2-x^2)^3}\,dx=-\frac{1}{5}\sqrt{(a^2-x^2)^5}$

(140) $\displaystyle\int x^2\sqrt{a^2-x^2}\,dx=-\frac{x}{4}\sqrt{(a^2-x^2)^3}+\frac{a^2}{8}\left(x\sqrt{a^2-x^2}+a^2\sin^{-1}\frac{x}{a}\right)$

(141) $\displaystyle\int\frac{x^2dx}{x\sqrt{a^2-x^2}}=-\frac{x}{2}\sqrt{a^2-x^2}+\frac{a^2}{2}\sin^{-1}\frac{x}{a}$

(142) $\displaystyle\int\frac{dx}{x^2\sqrt{a^2-x^2}}=-\frac{\sqrt{a^2-x^2}}{a^2x}$

(143) $\displaystyle\int\frac{\sqrt{a^2-x^2}}{x}\,dx=-\frac{\sqrt{a^2-x^2}}{x}-\sin^{-1}\frac{x}{a}$

(144) $\displaystyle\int\frac{x^2dx}{\sqrt{(a^2-x^2)^3}}=\frac{x}{\sqrt{a^2-x^2}}-\sin^{-1}\frac{x}{a}$

$\sqrt{a+bx+cx^2}$ 형식

$X=a+bx+cx^2,\ q=4ac-b^2$ 및 $k=\dfrac{4c}{q}$ 라 두면

(145) $\displaystyle\int\frac{dx}{\sqrt{X}}=\frac{1}{\sqrt{c}}log\left(\sqrt{X}+x\sqrt{c}+\frac{b}{2\sqrt{c}}\right)$

(146) $\displaystyle\int\frac{dx}{\sqrt{X}}=\frac{1}{\sqrt{c}}sinh^{-1}\left(\frac{2cx+b}{\sqrt{4ac-b^2}}\right)\quad(c>0)$

(147) $\displaystyle\int\frac{dx}{\sqrt{X}}=\frac{1}{\sqrt{-c}}sin^{-1}\left(\frac{-2cx-b}{\sqrt{b^2-4ac}}\right)\quad(c<0)$

(148) $\displaystyle\int\frac{dx}{X\sqrt{X}}=\frac{2(2cx+b)}{q\sqrt{X}}$

(149) $\displaystyle\int\frac{dx}{X^2\sqrt{X}}=\frac{2(2cx+b)}{3q\sqrt{X}}\left(\frac{1}{X}+2k\right)$

(150) $\displaystyle\int\frac{dx}{X^n\sqrt{X}}=\frac{2(2cx+b)\sqrt{X}}{(2n-1)qX^n}+\frac{2k(n-1)}{2n-1}\int\frac{dx}{X^{n-1}\sqrt{X}}$

(151) $\displaystyle\int\sqrt{X}\,dx=\frac{(2cx+b)\sqrt{X}}{4c}+\frac{1}{2k}\int\frac{dx}{\sqrt{X}}$

(152) $\displaystyle\int X\sqrt{X}\,dx=\frac{(2cx+b)\sqrt{X}}{8c}\left(X+\frac{3}{2k}\right)+\frac{3}{8k^2}\int\frac{dx}{\sqrt{X}}$

(153) $\displaystyle\int X^2\sqrt{X}\,dx=\frac{(2cx+b)\sqrt{X}}{12c}\left(X^2+\frac{5X}{4k}+\frac{15}{8k^2}\right)+\frac{5}{16k^3}\int\frac{dx}{\sqrt{X}}$

(154) $\displaystyle\int X^n \sqrt{X}\,dx = \frac{(2cx+b)\,X^n\,\sqrt{X}}{4\,(n+1)\,c} + \frac{2n+1}{2\,(n+1)\,k}\int \frac{X^n dx}{\sqrt{X}}$

(155) $\displaystyle\int \frac{x\,dx}{\sqrt{X}} = \frac{\sqrt{X}}{c} - \frac{b}{2c}\int \frac{dx}{\sqrt{X}}$

(156) $\displaystyle\int \frac{x\,dx}{X\sqrt{X}} = -\frac{2\,(bx+2a)}{q\,\sqrt{X}}$

(157) $\displaystyle\int \frac{x\,dx}{X^n\,\sqrt{X}} = -\frac{\sqrt{X}}{(2n-1)cX^n} - \frac{b}{2c}\int \frac{dx}{X^n\,\sqrt{X}}$

(158) $\displaystyle\int \frac{x^2 dx}{\sqrt{X}} = \left(\frac{x}{2c} - \frac{3b}{4c^2}\right)\sqrt{X} + \frac{3b^2-4ac}{8c^2}\int \frac{dx}{\sqrt{X}}$

(159) $\displaystyle\int \frac{x^2 dx}{X\sqrt{X}} = \frac{(2b^2-4ac)x+2ab}{cq\,\sqrt{X}} + \frac{1}{c}\int \frac{dx}{\sqrt{X}}$

(160) $\displaystyle\int \frac{x^2 dx}{X^n\,\sqrt{X}} = \frac{(2b^2-4ac)x+2ab}{(2n-1)cqX^{n-1}\,\sqrt{X}} + \frac{4ac+(2n-3)b^2}{(2n-1)cq}\int \frac{dx}{X^{n-1}\,\sqrt{X}}$

(161) $\displaystyle\int \frac{x^3 dx}{\sqrt{X}} = \left(\frac{x^2}{3c} - \frac{5bx}{12c^2} + \frac{5b^2}{8c^3} - \frac{2a}{3c^2}\right)\sqrt{X} + \left(\frac{3ab}{4c^2} - \frac{5b^3}{16c^3}\right)\int \frac{dx}{\sqrt{X}}$

(162) $\displaystyle\int x\,\sqrt{X}\,dx = \frac{X\sqrt{X}}{3c} - \frac{b}{2c}\int \sqrt{X}\,dx$

(163) $\displaystyle\int xX\,\sqrt{X}\,dx = \frac{X^2\sqrt{X}}{5c} - \frac{b}{2c}\int X\sqrt{X}\,dx$

(164) $\displaystyle\frac{xX^n dx}{\sqrt{X}} = \frac{X^n\,\sqrt{X}}{(2n+1)c} - \frac{b}{2c}\int \frac{X^n dx}{\sqrt{X}}$

(165) $\displaystyle\int x^2\,\sqrt{X}\,dx = \left(x - \frac{5b}{6c}\right)\frac{X\,\sqrt{X}}{4c} + \frac{5b^2-4ac}{16c^2}\int \sqrt{X}\,dx$

(166) $\displaystyle\int \frac{dx}{x\,\sqrt{X}} = -\frac{1}{\sqrt{a}}\,log\left(\frac{\sqrt{X}+\sqrt{a}}{x} + \frac{b}{2\,\sqrt{a}}\right)\quad (a>0)$

(167) $\displaystyle\int \frac{dx}{x\,\sqrt{X}} = -\frac{1}{\sqrt{-a}}\,sin^{-1}\left(\frac{bx+2a}{x\,\sqrt{b^2-4ac}}\right)\quad (a<0)$

(168) $\displaystyle\int \frac{dx}{x\,\sqrt{X}} = -\frac{2\,\sqrt{X}}{bx}\ (a=0)$

(169) $\displaystyle\int \frac{dx}{x^2\,\sqrt{X}} = -\frac{\sqrt{X}}{ax} - \frac{b}{2a}\int \frac{dx}{x\,\sqrt{X}}$

(170) $\displaystyle\int \frac{\sqrt{X}\,dx}{x} = \sqrt{X} + \frac{b}{2}\int \frac{dx}{\sqrt{X}} + a\int \frac{dx}{x\,\sqrt{X}}$

(171) $\displaystyle \int \frac{\sqrt{X}\,dx}{x^2} = -\frac{\sqrt{X}}{x} + \frac{b}{2}\int \frac{dx}{x\sqrt{X}} + c\,\frac{dx}{\sqrt{X}}$

기타 형식

(172) $\displaystyle \int \sqrt{2ax-x^2}\,dx = \frac{1}{2}[(x-a)\sqrt{2ax-x^2} + a^2\sin^{-1}(x-a)/a]$

(173) $\displaystyle \int \sqrt{ax^2+c}\,dx = \frac{x}{2}\sqrt{ax^2+c} + \frac{c}{2\sqrt{a}}log\,(x\sqrt{a}+\sqrt{ax^2+c}\,)$ $(a>0)$

$\displaystyle \qquad\qquad = \frac{x}{2}\sqrt{ax^2+c} + \frac{c}{2\sqrt{-a}}\sin^{-1}\!\left(x\sqrt{\frac{-a}{c}}\right)$ $(a<0)$

(174) $\displaystyle \int \frac{dx}{\sqrt{2ax-x^2}} = \cos^{-1}\!\left(\frac{a-x}{a}\right)$

(175) $\displaystyle \int \frac{dx}{\sqrt{a+bx}\cdot\sqrt{a'+b'x}} = \frac{2}{\sqrt{-bb'}}tan^{-1}\sqrt{\frac{-b'(a+bx)}{b(a'+b'x)}}$

(176) $\displaystyle \int \sqrt{\frac{1+x}{1-x}}\,dx = \sin^{-1}x - \sqrt{1-x^2}$

(177) $\displaystyle \int \frac{dx}{\sqrt{a\pm 2bx+cx^2}} = \frac{1}{\sqrt{c}}log\,(\pm b+cx+\sqrt{c}\,\sqrt{a\pm 2bx+cx^2}\,)$

(178) $\displaystyle \int \frac{dx}{\sqrt{a\pm 2bx-cx^2}} = \frac{1}{\sqrt{c}}sin^{-1}\frac{cx\mp b}{\sqrt{b^2+ac}}$

(179) $\displaystyle \int \frac{x\,dx}{\sqrt{a\pm 2bx+cx^2}} = \frac{1}{c}\sqrt{a\pm 2bx+cx^2}$

$\displaystyle \qquad\qquad - \frac{b}{\sqrt{c^3}}log\,(\pm b+cx+\sqrt{c}\,\sqrt{a\pm 2bx+cx^2}\,)$

(180) $\displaystyle \int \frac{x\,dx}{\sqrt{a\pm 2bx-cx^2}} = -\frac{1}{c}\sqrt{a\pm 2bx-cx^2} \pm \frac{b}{\sqrt{c^3}}sin^{-1}\frac{cx\mp b}{\sqrt{b^2+ac}}$

삼각함수형식

(181) $\displaystyle \int \sin x\,dx = -\cos x$

(182) $\displaystyle \int \cos x\,dx = \sin x$

(183) $\displaystyle \int \tan x\,dx = -\log\cos x$ 또는 $\log\sec x$

(184) $\displaystyle\int \cot x\, dx = \log \sin x$

(185) $\displaystyle\int \sec x\, dx = \log \tan\left(\dfrac{\pi}{4} + \dfrac{x}{2}\right)$

(186) $\displaystyle\int \csc x\, dx = \log \tan \dfrac{1}{2}\, x$

(187) $\displaystyle\int \sin^2 x\, dx = -\dfrac{1}{2}\cos x \sin x + \dfrac{1}{2}x = \dfrac{1}{2}x - \dfrac{1}{4}\sin 2x$

(188) $\displaystyle\int \sin^3 x\, dx = -\dfrac{1}{3}\cos x\,(\sin^2 + 2)$

(189) $\displaystyle\int \sin^n x\, dx = -\dfrac{\sin^{n-1}x \cos x}{n} + \dfrac{n-1}{n}\int \sin^{n-2}x\ dx$

(190) $\displaystyle\int \cos^2 x\, dx = \dfrac{1}{2}\sin x\ \cos x + \dfrac{1}{2}x = \dfrac{1}{2}x + \dfrac{1}{4}\sin 2x$

(191) $\displaystyle\int \cos^3 x\ dx = \dfrac{1}{3}\sin x\,(\cos^2 x + 2)$

(192) $\displaystyle\int \cos^n x\, dx = \dfrac{1}{n}\cos^{n-1}x \sin x + \dfrac{n-1}{n}\int \cos^{n-2}x\ dx$

(193) $\displaystyle\int \sin\dfrac{x}{a}\,dx = -a\cos\dfrac{x}{a}$

(194) $\displaystyle\int \cos\dfrac{x}{a}\,dx = a\sin\dfrac{x}{a}$

(195) $\displaystyle\int \sin(a+bx)\,dx = -\dfrac{1}{b}\cos(a+bx)$

(196) $\displaystyle\int \cos(a+bx)\,dx = \dfrac{1}{b}\sin(a+bx)$

(197) $\displaystyle\int \dfrac{dx}{\sin x} = -\dfrac{1}{2}\log\dfrac{1+\cos x}{1-\cos x} = \log\tan\dfrac{x}{2}$

(198) $\displaystyle\int \dfrac{dx}{\cos x} = \log\tan\left(\dfrac{\pi}{2}+\dfrac{x}{2}\right) = \dfrac{1}{2}\log\left(\dfrac{1+\sin x}{1-\sin x}\right)$

(199) $\displaystyle\int \dfrac{dx}{\cos^2 x} = \tan x$

(200) $\displaystyle\int \dfrac{dx}{\cos^n x} = \dfrac{1}{n-1}\cdot\dfrac{\sin x}{\cos^{n-1}x} + \dfrac{n-2}{n-1}\int \dfrac{dx}{\cos^{n-2}x}$

(201) $\displaystyle\int \dfrac{dx}{1\pm\sin x} = \mp\tan\left(\dfrac{\pi}{4}\mp\dfrac{x}{2}\right)$

(202) $\displaystyle\int \dfrac{dx}{1+\cos x} = \tan\dfrac{x}{2}$

(203) $\displaystyle\int \frac{dx}{1-\cos x} = -\cot\frac{x}{2}$

(204) $\displaystyle\int \frac{dx}{a+b\sin x} = \frac{2}{\sqrt{a^2-b^2}} tan^{-1}\frac{a\tan\frac{1}{2}x+b}{\sqrt{a^2-b^2}}$

$\displaystyle = \frac{1}{\sqrt{b^2-a^2}} log\frac{a\tan\frac{1}{2}x+b-\sqrt{b^2-a^2}}{a\tan\frac{1}{2}x+b+\sqrt{b^2-a^2}}$

(205) $\displaystyle\int \frac{dx}{a+b\,cox\,x} = \frac{2}{\sqrt{a^2-b^2}} tan^{-1}\frac{\sqrt{a^2-b^2}\,\tan\frac{1}{2}x}{a+b}$

$\displaystyle = \frac{1}{\sqrt{b^2-a^2}} log\left(\frac{\sqrt{b^2-a^2}\,\tan\frac{1}{2}x+a+b}{\sqrt{b^2-a^2}\,\tan\frac{1}{2}x-a-b}\right)$

(206) $\displaystyle\int \sin mx\sin nx\ dx = \frac{\sin(m-n)x}{2(m-n)} - \frac{\sin(m+n)x}{2(m+n)} \qquad (m^2 \neq n^2)$

(207) $\displaystyle\int x\sin^2 x\,dx = \frac{x^2}{4} - \frac{x\sin 2x}{4} - \frac{\cos 2x}{8}$

(208) $\displaystyle\int x^2\sin^2 x\,dx = \frac{x^3}{6} - \left(\frac{x^2}{4}-\frac{1}{8}\right)\sin 2x - \frac{x\cos 2x}{4}$

(209) $\displaystyle\int x\sin^3 x\,dx = \frac{x\cos 3x}{12} - \frac{\sin 3x}{36} - \frac{3}{4}x\cos x + \frac{3}{4}\sin x$

(210) $\displaystyle\int \sin^4 x\ dx = \frac{3x}{8} - \frac{\sin 2x}{4} + \frac{\sin 4x}{32}$

(211) $\displaystyle\int \cos mx\cos nx\ dx = \frac{\sin(m-n)y}{2(m-n)} + \frac{\sin(m+n)x}{2(m+n)} \qquad (m^2 \neq n^2)$

(212) $\displaystyle\int x\cos^2 x\,dx = \frac{x^2}{4} + \frac{x\sin 2x}{12} + \frac{\cos 2x}{8}$

(213) $\displaystyle\int x^2\cos^2 x\,dx = \frac{x^3}{6} + \left(\frac{x^2}{4}-\frac{1}{8}\right)\sin 2x + \frac{x\cos 2x}{4}$

(214) $\displaystyle\int x\cos^3 x\,dx = \frac{x\sin 3x}{12} + \frac{\cos 3x}{36} + \frac{3}{4}x\sin x + \frac{3}{4}\cos x$

(215) $\displaystyle\int \cos^4 x\,dx = \frac{3x}{8} + \frac{\sin 2x}{4} + \frac{\sin 4x}{32}$

(216) $\displaystyle\int \frac{\sin x\ dx}{x^m} = -\frac{\sin x}{(m-1)x^{m-1}} + \frac{1}{m-1}\int \frac{\cos x\ dx}{x^{m-1}}$

(217) $\displaystyle \int \frac{\cos x \; dx}{x^m} = -\frac{\cos x}{(m-1)x^{m-1}} - \frac{1}{m-1}\int \frac{\sin x \; dx}{x^{m-1}}$

(218) $\displaystyle \int \tan^3 x \; dx = \frac{1}{2}\tan^2 x + \log\cos x$

(219) $\displaystyle \int \tan^4 x \; dx = \frac{1}{3}\tan^3 x - \tan x + x$

(220) $\displaystyle \int \cot^3 x \; dx = -\frac{1}{2}\cot^2 x - \log\sin x$

(221) $\displaystyle \int \cot^4 x \; dx = -\frac{1}{3}\cot^3 x + \cot x + x$

(222) $\displaystyle \int \cot^n x \; dx = -\frac{\cot^{n-1}x}{n-1} - \int \cot^{n-2}x \; dx \;\; (n \neq 1)$

(223) $\displaystyle \int \sin x \cos x \; dx = \frac{1}{2}sin^2 x$

(224) $\displaystyle \int \sin mx \cos nx \; dx = \frac{\cos(m-n)x}{2(m-n)} - \frac{\cos(m+n)x}{2(m+n)}$

(225) $\displaystyle \int \sin^2 x \cos^2 x \; dx = -\frac{1}{8}\left(\frac{1}{4}sin 4x - x\right)$

(226) $\displaystyle \int \sin x \cos^m x \; dx = -\frac{\cos^{m+1}x}{m+1}$

(227) $\displaystyle \int \sin^m x \cos x \; dx = \frac{\sin^{m+1}x}{m+1}$

(228) $\displaystyle \int \cos^m x \sin^n x \; dx = \frac{\cos^{m-1}x\sin^{n+1}x}{m+n} + \frac{m-1}{m+n}\int \cos^{n-2}x\sin^n x \; dx$

(229) $\displaystyle \int \cos^m x \sin^n x \; dx = -\frac{\sin^{n-1}x\cos^{m+1}x}{m+n} + \frac{n-1}{m+n}\int \cos^m x\sin^{n-2}x \; dx$

(230) $\displaystyle \int \frac{\cos^m x \; dx}{\sin^n x} = -\frac{\cos^{m+1}x}{(n-1)\sin^{n-1}x} - \frac{m-n+2}{n-1}\int \frac{\cos^m x \; dx}{\sin^{n-2}x}$

(231) $\displaystyle \int \frac{\cos^m x \; dx}{\sin^n x} = -\frac{\cos^{m-1}x}{(m-n)\sin^{n-1}x} - \frac{m-1}{m-n}\int \frac{\cos^{m-2}x \; dx}{\sin^n x}$

(232) $\displaystyle \int \frac{\sin^m x \; dx}{\cos^n x} = -\int \frac{\cos^m\left(\frac{\pi}{2}-x\right)d\left(\frac{\pi}{2}-x\right)}{\sin^n\left(\frac{\pi}{2}-x\right)}$

(233) $\displaystyle \int \frac{\sin x \; dx}{\cos^2 x} = \frac{1}{\cos x} = \sec x$

(234) $\displaystyle \int \frac{\sin^2 x \; dx}{\cos x} = -\sin x + \log\tan\left(\frac{\pi}{4}+\frac{x}{2}\right)$

(235) $\displaystyle\int \frac{\cos x \ dx}{\sin^2 x} = \frac{-1}{\sin x} = -\operatorname{cosec} x$

(236) $\displaystyle\int \frac{dx}{\sin x \cos x} = \log\tan x$

(237) $\displaystyle\int \frac{dx}{\sin x \cos^2 x} = \frac{1}{\cos x} + \log\tan \frac{x}{2}$

(238) $\displaystyle\int \frac{dx}{\sin x \cos^n x} = \frac{1}{(n-1)\cos^{n-1} x} + \int \frac{dx}{\sin x \cos^{n-2} x} \quad (n \neq 1)$

(239) $\displaystyle\int \frac{dx}{\sin^2 x \cos x} = -\frac{1}{\sin x} + \log\tan\left(\frac{\pi}{4} + \frac{x}{2}\right)$

(240) $\displaystyle\int \frac{dx}{\sin^2 x \cos^2 x} = -2\cot 2x$

(241) $\displaystyle\int \frac{dx}{\sin^m x \cos^n x} = -\frac{1}{m-1} \cdot \frac{1}{\sin^{m-1} x \cdot \cos^{n-1} x}$
$$+ \frac{m+n-2}{m-1} \int \frac{dx}{\sin^{m-2} x \cdot \cos^m x}$$

(242) $\displaystyle\int \frac{dx}{\sin^m x} = -\frac{1}{m-1} \cdot \frac{\cos x}{\sin^{m-1} x} + \frac{m-2}{m-1} \int \frac{dx}{\sin^{m-2} x}$

(243) $\displaystyle\int \frac{dx}{\sin^2 x} = -\cot x$

(244) $\displaystyle\int \tan^2 x \, dx = \tan x - x$

(245) $\displaystyle\int \tan^n x \ dx = \frac{\tan^{n-1} x}{n-1} - \int \tan^{n-2} x \ dx$

(246) $\displaystyle\int \cot^2 x \ dx = -\cot x - x$

(247) $\displaystyle\int \cot^n x \ dx = -\frac{\cot^{n-1} x}{n-1} - \int \cot^{n-2} x \ dx$

(248) $\displaystyle\int \sec^2 x \ dx = \tan x$

(249) $\displaystyle\int \sec^n x \ dx = \int \frac{dx}{\cos^n x}$

(250) $\displaystyle\int \csc^2 x \ dx = -\cot x$

(251) $\displaystyle\int \csc^n x \ dx = \int \frac{dx}{\sin^n x}$

(252) $\displaystyle\int x\sin x \ dx = \sin x - x\cos x$

(253) $\displaystyle\int x^2\sin x\ dx = 2x\sin x - (x^2-2)\cos x$

(254) $\displaystyle\int x^3\sin x\ dx = (3x^2-6)\sin x - (x^3-6x)\cos x$

(255) $\displaystyle\int x^m\sin x\ dx = -x^m\cos x + m\int x^{m-1}\cos x\ dx$

(256) $\displaystyle\int x\cos x\ dx = \cos x + x\sin x$

(257) $\displaystyle\int x^2\cos x\ dx = 2x\cos x + (x^2-2)\sin x$

(258) $\displaystyle\int x^3\cos x\ dx = (3x^2-6)\cos x + (x^2-6x)\sin x$

(259) $\displaystyle\int x^m\cos x\ dx = x^m\sin x - m\int x^{m-1}\sin x\ dx$

(260) $\displaystyle\int \frac{\sin x}{x}dx = x - \frac{x^3}{3\cdot 3!} + \frac{x^5}{5\cdot 5!} - \frac{x^7}{7\cdot 7!} + \frac{x^9}{9\cdot 9!} - + \dots$

(261) $\displaystyle\int \frac{\cos x}{x}dx = \log x - \frac{x^2}{2\cdot 2!} + \frac{x^4}{4\cdot 4!} - \frac{x^6}{6\cdot 6!} + \frac{x^8}{8\cdot 8!} - + \dots$

(262) $\displaystyle\int \sin^{-1}x\ dx = x\sin^{-1}x + \sqrt{1-x^2}$

(263) $\displaystyle\int \cos^{-1}x\ dx = x\cos^{-1}x - \sqrt{1-x^2}$

(264) $\displaystyle\int \tan^{-1}x\ dx = x\tan^{-1}x - \frac{1}{2}log(1+x^2)$

(265) $\displaystyle\int \cot^{-1}x\ dx = x\cot^{-1}x + \frac{1}{2}log(1+x^2)$

(266) $\displaystyle\int \sec^{-1}x\ dx = x\sec^{-1}x - \log(x+\sqrt{x^2-1}\,)$

(267) $\displaystyle\int \csc^{-1}x\ dx = x\csc^{-1}x + \log(x+\sqrt{x^2-1}\,)$

(268) $\displaystyle\int \mathrm{vers}^{-1}x\ dx = (x-1)\mathrm{vers}^{-1}x + \sqrt{2x-x^2}\,)$

(269) $\displaystyle\int \sin^{-1}\frac{x}{a}dx = x\sin^{-1}\frac{x}{a} + \sqrt{a^2-x^2}$

(270) $\displaystyle\int \cos^{-1}\frac{x}{a}dx = x\cos^{-1}\frac{x}{a} - \sqrt{a^2-x^2}$

(271) $\displaystyle\int \tan^{-1}\frac{x}{a}dx = x\tan^{-1}\frac{x}{a} - \frac{a}{2}log(a^2+x^2)$

(272) $\displaystyle\int \cot^{-1}\frac{x}{a}dx = x\cot^{-1}\frac{x}{a} + \frac{a}{2}log(a^2+x^2)$

(273) $\displaystyle\int (\sin^{-1}x)^2dx = x(\sin^{-1}x)^2 - 2x + 2\sqrt{1-x^2}\,(\sin^{-2}x)$

(274) $\displaystyle \int (\cos^{-1}x)^2\,dx = x(\cos^{-1}x)^2 - 2x - 2\sqrt{1-x^2}\,(\cos^{-1}x)$

(275) $\displaystyle \int x \cdot \sin^{-1}x\ dx = \frac{1}{4}[(2x^2-1)\sin^{-1}x + x\sqrt{1-x^2}\,]$

(276) $\displaystyle \int x^n \sin^{-1}x\ dx = \frac{x^{n+1}\sin^{-1}x}{n+1} - \frac{1}{n+1}\int \frac{x^{n+1}\,dx}{\sqrt{1-x^2}}$

(277) $\displaystyle \int x^n \cos^{-1}x\ dx = \frac{x^{n+1}\cos^{-1}x}{n+1} + \frac{1}{n+1}\int \frac{x^{n+1}\,dx}{\sqrt{1-x^2}}$

(278) $\displaystyle \int x^n \tan^{-1}x\ dx = \frac{x^{n+1}\tan^{-1}x}{n+1} - \frac{1}{n+1}\int \frac{x^{n+1}\,dx}{\sqrt{1+x^2}}$

(279) $\displaystyle \int \frac{\sin^{-1}x\ dx}{x^2} = \log\left(1 - \frac{\sqrt{1-x^2}}{x}\right) - \frac{\sin^{-1}x}{x}$

(280) $\displaystyle \int \frac{\tan^{-1}x\ dx}{x^2} = \log x - \frac{1}{2}(\log 1 + x^2) - \frac{\tan^{-1}x}{x}$

대수형식

(281) $\displaystyle \int \log x\ dx = x\log x - x$

(282) $\displaystyle \int x\log x\ dx = \frac{x^2}{2}log\,x - \frac{x^2}{4}$

(283) $\displaystyle \int x^2\log x\ dx = \frac{x^3}{3}\log x - \frac{x^3}{9}$

(284) $\displaystyle \int x^p\log(ax)\,dx = \frac{x^{p+1}}{p+1}\log(ax) - \frac{x^{p+1}}{(p+1)^2}\quad (p \neq -1)$

(285) $\displaystyle \int (\log x)^2\,dx = x(\log x)^2 - 2x\log x + 2x$

(286) $\displaystyle \int (\log x)^n\,dx = x(\log x)^n - n\int (\log x)^{n-1}\,dx \quad (n \neq -1)$

(287) $\displaystyle \int \frac{(\log x)^n}{n}\,dx = \frac{1}{n+1}(\log x)^{n+1}$

(288) $\displaystyle \int \frac{dx}{\log x} = \log(\log x) + \log x + \frac{(\log x)^2}{2\cdot 2!} + \frac{(\log x)^2}{3\cdot 3!} + \cdots$

(289) $\displaystyle \int \frac{dx}{x\log x} = \log(\log x)$

(290) $\displaystyle \int \frac{dx}{x(\log x)^n} = -\frac{1}{(n-1)(\log x)^{n-1}}$

(291) $\displaystyle\int \frac{x^m\,dx}{(\log x)^n} = -\frac{x^{m+1}}{(n-1)(\log x)^{n-1}} + \frac{m+1}{n-1}\int \frac{x^m\,dx}{(\log x)^{n-1}}$

(292) $\displaystyle\int x^m \log x\ dx = x^{m+1}\left[\frac{\log x}{m+1} - \frac{1}{(m+1)^2}\right]$

(293) $\displaystyle\int x^m (\log x)^n\,dx = \frac{x^{m+1}(\log x)^n}{m+1} - \frac{n}{m+1}\int x^m(\log x)^{n-1}\,dx \qquad (m,n \neq -1)$

(294) $\displaystyle\int \sin\log x\ dx = \frac{1}{2}\,x\sin\log x - \frac{1}{2}\,x\cos\log x$

(295) $\displaystyle\int \cos\log x\ dx = \frac{1}{2}\,x\sin\log x + \frac{1}{2}\,x\cos\log x$

지수형식

(296) $\displaystyle\int e^x\,dx = e^x$

(297) $\displaystyle\int e^{-x}\,dx = -e^{-x}$

(298) $\displaystyle\int e^{ax}\,dx = \frac{e^{ax}}{a}$

(299) $\displaystyle\int x\,e^{ax}\,dx = \frac{e^{ax}}{a^2}\,(ax-1)$

(300) $\displaystyle\int x^m e^{ax}\,dx = \frac{x^m e^{ax}}{a} - \frac{m}{a}\int x^{m-1}e^{ax}\,dx$

(301) $\displaystyle\int \frac{e^{ax}\,dx}{x} = \log x + \frac{ax}{1!} + \frac{a^2 x^2}{2\cdot 2!} + \frac{a^3 x^3}{3\cdot 3!} + \dots$

(302) $\displaystyle\int \frac{e^{ax}}{x^m}\,dx = -\frac{1}{m-1}\frac{e^{ax}}{x^{m-1}} + \frac{a}{m-1}\int \frac{e^{ax}}{x^{m-1}}\,dx$

(303) $\displaystyle\int e^{ax}\log x\ dx = \frac{e^{ax}\log x}{a} - \frac{1}{a}\int \frac{e^{ax}}{x^{m-1}}\,dx$

(304) $\displaystyle\int e^{ax}\cdot\sin px\ dx = \frac{e^{ax}(a\sin px - p\cos px)}{a^2+p^2}$

(305) $\displaystyle\int e^{ax}\cdot\cos px\ dx = \frac{e^{ax}(a\cos px + p\sin px)}{a^2+p^2}$

(306) $\displaystyle\int \frac{dx}{1+e^x} = x - \log(1+e^x) = \log\frac{e^x}{1+e^x}$

(307) $\displaystyle\int \frac{dx}{a+be^{px}} = \frac{x}{a} - \frac{1}{ap}\log(a+be^{px})$

(308) $\displaystyle\int \frac{dx}{ae^{mx} + be^{mx}} = \frac{1}{m \sqrt{ab}} tan^{-1}\left(e^{mx} \sqrt{\frac{a}{b}} \right)$

(309) $\displaystyle\int e^{ax} \sin px \ dx = \frac{e^{ax}(a\cos px - p\sin px)}{a^2 + p^2}$

(310) $\displaystyle\int e^{ax} \cos px \ dx = \frac{e^{ax}(a\cos px + p\sin px)}{a^2 + p^2}$

(311) $\displaystyle\int e^{ax} \sin^n bx \ dx = \frac{1}{a^2 + n^2 b^2}[(a\sin bx - nb\cos bx)e^{ax}\sin^{n-1}bx$

$\qquad\qquad\qquad\qquad + n(n-1)b^2 \displaystyle\int e^{ax}\sin^{n-2}bx \ dx]$

(312) $\displaystyle\int e^{ax} \cos^n bx \ dx = \frac{1}{a^2 + n^2 b^2}[(a\cos bx + nb\sin bx)e^{ax}\cos^{n-1}bx$

$\qquad\qquad\qquad\qquad\quad + n(n-1)b^2\displaystyle\int e^{ax}\cos^{n-2}bx \ dx]$

(313) $\displaystyle\int \sinh x \ dx = \cosh x$

(314) $\displaystyle\int \cosh x \ dx = \sinh x$

(315) $\displaystyle\int \tanh x \ dx = \log\cosh x$

(316) $\displaystyle\int \coth x \ dx = \log\sinh x$

(317) $\displaystyle\int \operatorname{sech} x \ dx = 2\tan^{-1}(e^x)$

(318) $\displaystyle\int \operatorname{csch} x \ dx = \log\tanh\left(\frac{x}{2}\right)$

(319) $\displaystyle\int x\sinh x \ dx = x\cosh x - \sinh x$

(320) $\displaystyle\int x\cosh x \ dx = x\sinh x - \cosh x$

(321) $\displaystyle\int \operatorname{sech} x\tanh x \ dx = -\operatorname{sech} x$

(322) $\displaystyle\int \operatorname{csch} x\coth x \ dx = -\operatorname{csch} x$

부록 03 수표

1. 삼각함수표

각	sin	cos	tan	각	sin	cos	tan
0°	0.0000	1.0000	0.0000	45°	0.7071	0.7071	1.0000
1°	0.0175	0.9998	0.0175	46°	0.7193	0.6947	1.0355
2°	0.0349	0.9994	0.0349	47°	0.7314	0.6820	1.0724
3°	0.0523	0.9986	0.0524	48°	0.7431	0.6691	1.1106
4°	0.0698	0.9976	0.0699	49°	0.7547	0.6561	1.1504
5°	0.0872	0.9962	0.0875	50°	0.7660	0.6428	1.1918
6°	0.1045	0.9945	0.1057	51°	0.7771	0.6293	1.2349
7°	0.1219	0.9925	0.1228	52°	0.7880	0.6157	1.2799
8°	0.1392	0.9903	0.1405	53°	0.7986	0.6018	1.3270
9°	0.1564	0.9877	0.1584	54°	0.8090	0.5878	1.3764
10°	0.1736	0.9848	0.1763	55°	0.8192	0.5736	1.4281
11°	0.1908	0.9816	0.1944	56°	0.8290	0.5592	1.4826
12°	0.2079	0.9781	0.2126	57°	0.8387	0.5446	1.5399
13°	0.2250	0.9744	0.2309	58°	0.8480	0.5299	1.6003
14°	0.2419	0.9703	0.2493	59°	0.8572	0.5150	1.6643
15°	0.2588	0.9659	0.2679	60°	0.8660	0.5000	1.7321
16°	0.2756	0.9613	0.2867	61°	0.8746	0.4848	1.8040
17°	0.2924	0.9563	0.3057	62°	0.8829	0.4695	1.8807
18°	0.3090	0.9511	0.3249	63°	0.8910	0.4540	1.9626
19°	0.3256	0.9455	0.3443	64°	0.8988	0.4384	2.0503
20°	0.3420	0.9397	0.3640	65°	0.9063	0.4226	2.1445
21°	0.3584	0.9336	0.3839	66°	0.9135	0.4067	2.2460
22°	0.3746	0.9272	0.4040	67°	0.9205	0.3907	2.3559
23°	0.3907	0.9205	0.4245	68°	0.9272	0.3746	2.4751
24°	0.4067	0.9135	0.4452	69°	0.9336	0.3584	2.6051
25°	0.4226	0.9063	0.4663	70°	0.9397	0.3420	2.7475
26°	0.4384	0.8988	0.4877	71°	0.9455	0.3256	2.9042
27°	0.4540	0.8910	0.5095	72°	0.9511	0.3090	3.0777
28°	0.4695	0.8829	0.5317	73°	0.9563	0.2924	3.2709
29°	0.4848	0.8746	0.5543	74°	0.9613	0.2756	3.4874
30°	0.5000	0.8660	0.5774	75°	0.9659	0.2588	3.7321
31°	0.5150	0.8572	0.6009	76°	0.9703	0.2419	4.0108
32°	0.5299	0.8480	0.6249	77°	0.9744	0.2250	4.3315
33°	0.5446	0.8387	0.6494	78°	0.9781	0.2079	4.7046
34°	0.5592	0.8290	0.6745	79°	0.9816	0.1908	5.1446
35°	0.5736	0.8192	0.7002	80°	0.9848	0.1736	5.6713
36°	0.5878	0.8090	0.7265	81°	0.9877	0.1564	7.1154
37°	0.6018	0.7986	0.7536	82°	0.9903	0.1392	8.1443
38°	0.6157	0.7880	0.7813	83°	0.9925	0.1219	9.5144
39°	0.6293	0.7771	0.8098	84°	0.9945	0.1045	6.3138
40°	0.6428	0.7660	0.8391	85°	0.9962	0.0872	11.4301
41°	0.6561	0.7547	0.8693	86°	0.9976	0.0698	14.3007
42°	0.6691	0.7431	0.9004	87°	0.9986	0.0523	19.0811
43°	0.6820	0.7314	0.9325	88°	0.9994	0.0349	28.6363
44°	0.9747	0.7193	0.9657	89°	0.9998	0.0175	57.2900
45°	0.7071	0.7071	1.0000	90°	1.0000	0.0000	∞

2. 상용대수표 (I) $\log_{10} x$

x	0	1	2	3	4	5	6	7	8	9	표 차								
											1	2	3	4	5	6	7	8	9
1.0	.0000	.0043	.0086	.0128	.0170	.0212	.0253	.0294	.0334	.0374	4	8	12	17	21	25	29	33	37
1.1	.0414	.0453	.0492	.0531	.0569	.0607	.0645	.0682	.0719	.0755	4	8	11	15	19	23	26	30	34
1.2	.0792	.0828	.0864	.0899	.0934	.0969	.1004	.1038	.1072	.1106	3	7	10	14	17	21	24	28	31
1.3	.1139	.1173	.1206	.1239	.1271	.1303	.1335	.1367	.1399	.1430	3	6	10	13	16	19	23	26	29
1.4	.1461	.1492	.1523	.1553	.1584	.1614	.1644	.1673	.1703	.1732	3	6	9	12	15	18	21	24	27
1.5	.1761	.1790	.1818	.1847	.1875	.1803	.1931	.1959	.1987	.2014	3	6	8	11	14	17	20	22	25
1.6	.2041	.2068	.2095	.2122	.2148	.2175	.2201	.2227	.2253	.2279	3	5	8	11	13	16	18	21	24
1.7	.2304	.2330	.2355	.2380	.2405	.2430	.2455	.2480	.2504	.2529	2	5	7	10	12	15	17	20	22
1.8	.2553	.2577	.2601	.2625	.2648	.2672	.2695	.2718	.2742	.2765	2	5	7	9	12	14	16	19	21
1.9	.2788	.2810	.2833	.2856	.2878	.2900	.2923	.2945	.2967	.2989	2	4	7	9	11	13	16	18	20
2.0	.3010	.3032	.3054	.3075	.3096	.3118	.3139	.3160	.3181	.3201	2	4	6	8	11	13	15	17	19
2.1	.3222	.3243	.3263	.3284	.3304	.3324	.3345	.3365	.3385	.3404	2	4	6	8	10	12	14	16	18
2.2	.3424	.3444	.3464	.3483	.3502	.3522	.3541	.3560	.3579	.3598	2	4	6	8	10	12	14	15	17
2.3	.3617	.3636	.3655	.3674	.3692	.3711	.3729	.3747	.3766	.3784	2	4	6	7	9	11	13	15	17
2.4	.3802	.3820	.3838	.3856	.3874	.3892	.3909	.3927	.3945	.3962	2	4	5	7	9	11	12	14	16
2.5	.3979	.3997	.4014	.4031	.4048	.4065	.4082	.4099	.4116	.4133	2	3	5	7	9	10	12	14	15
2.6	.4150	.4166	.4083	.4200	.4216	.4232	.4249	.4265	.4281	.4298	2	3	5	7	8	10	11	13	15
2.7	.4314	.4330	.4346	.4362	.4378	.4393	.4409	.4425	.4440	.4456	2	3	5	6	8	9	11	13	14
2.8	.4472	.4487	.5602	.4518	.4533	.4548	.4564	.4579	.4594	.4609	2	3	5	6	8	9	11	12	14
2.9	.4624	.4639	.4654	.4669	.4683	.4698	.4713	.4728	.4742	.4757	1	3	4	6	7	9	10	12	13
3.0	.4771	.4786	.4800	.4814	.4829	.4843	.4857	.4871	.4886	.4900	1	3	4	6	7	9	10	11	13
3.1	.4914	.4928	.4942	.4955	.4969	.4983	.4997	.5011	.5024	.5038	1	3	4	6	7	8	10	11	12
3.2	.5051	.5065	.5079	.5092	.5105	.5119	.5132	.5145	.5159	.5172	1	3	4	5	7	8	9	11	12
3.3	.5185	.5198	.5211	.5224	.5237	.5250	.5263	.5276	.5289	.5302	1	3	4	5	6	8	9	10	12
3.4	.5315	.5328	.5340	.5353	.5366	.5378	.5391	.5403	.5416	.5428	1	3	4	5	6	8	9	10	11
3.5	.5441	.5453	.5465	.5478	.5490	.5502	.5514	.5527	.5539	.5551	1	2	4	5	6	7	9	10	11
3.6	.5563	.5575	.5587	.5599	.5611	.5623	.5635	.5647	.5658	.5670	1	2	4	5	6	7	8	10	11
3.7	.5682	.5694	.5705	.5717	.5729	.5740	.5752	.5763	.5775	.5786	1	2	3	5	6	7	8	9	10
3.8	.5798	.5809	.5821	.5832	.5843	.5855	.5866	.5877	.5888	.5899	1	2	3	5	6	7	8	9	10
3.9	.5911	.5922	.5933	.5944	.5955	.5966	.5977	.5988	.5999	.6010	1	2	3	4	5	7	8	9	10
4.0	.6021	.6031	.6042	.6053	.6064	.6075	.6085	.6096	.6107	.6117	1	2	3	4	5	6	7	9	10
4.1	.6128	.6138	.6149	.6160	.6170	.6180	.6191	.6201	.6212	.6222	1	2	3	4	5	6	7	8	9
4.2	.6232	.6243	.6253	.6263	.6274	.6284	.6294	.6304	.6314	.6325	1	2	3	4	5	6	7	8	9
4.3	.6335	.6345	.6355	.6365	.6375	.6385	.6395	.6405	.6415	.6425	1	2	3	4	5	6	7	8	9
4.4	.6435	.6444	.6454	.6464	.6474	.6484	.6493	.6503	.6513	.6522	1	2	3	4	5	6	7	8	9
4.5	.6532	.6542	.6551	.6561	.6571	.6580	.6590	.6599	.6609	.6618	1	2	3	4	5	6	7	8	9
4.6	.6628	.6637	.6646	.6656	.6665	.6675	.6684	.6693	.6702	.6712	1	2	3	4	5	6	7	7	8
4.7	.6721	.6730	.6739	.6749	.6758	.6767	.6776	.6785	.6794	.6803	1	2	3	4	5	5	6	7	8
4.8	.6812	.6821	.6830	.6839	.6848	.6857	.6866	.6875	.6884	.6893	1	2	3	4	4	5	6	7	8
4.9	.6902	.6911	.6920	.6928	.6937	.6946	.6955	.6964	.6972	.6981	1	2	3	4	4	5	6	7	8
5.0	.6990	.6998	.7007	.7016	.7024	.7033	.7042	.7050	.7059	.7067	1	2	3	3	4	5	6	7	8
5.1	.7076	.7084	.7093	.7101	.7110	.7118	.7126	.7135	.7143	.7152	1	2	3	3	4	5	6	7	8
5.2	.7160	.7168	.7177	.7185	.7193	.7202	.7210	.7218	.7226	.7235	1	2	2	3	4	5	6	7	7
5.3	.7243	.7251	.7259	.7267	.7275	.7284	.7292	.7300	.7308	.7316	1	2	2	3	4	5	6	6	7
5.4	.7324	.7332	.7340	.7348	.7356	.7364	.7372	.7380	.7388	.7396	1	2	2	3	4	5	6	6	7

3. 상용대수표 (II) $\log_{10} x$

x	0	1	2	3	4	5	6	7	8	9	표차 1	2	3	4	5	6	7	8	9
5.5	.7404	.7412	.7419	.7427	.7435	.7443	.7451	.7459	.7466	.7474	1	2	2	3	4	5	5	6	7
5.6	.7482	.7490	.7497	.7505	.7513	.7520	.7528	.7536	.7543	.7551	1	2	2	3	4	5	5	6	7
5.7	.7559	.7566	.7574	.7582	.7589	.7597	.7604	.7612	.7619	.7627	1	2	2	3	4	5	5	6	7
5.8	.7634	.7642	.7649	.7657	.7664	.7672	.7679	.7686	.7694	.7701	1	1	2	3	4	4	5	6	7
5.9	.7709	.7716	.7723	.7731	.7738	.7745	.7752	.7760	.7767	.7774	1	1	2	3	4	4	5	6	7
6.0	.7782	.7789	.7796	.7803	.7810	.7818	.7825	.7832	.7893	.7846	1	1	2	3	4	4	5	6	6
6.1	.7853	.7860	.7868	.7875	.7882	.7889	.7896	.7903	.7910	.7917	1	1	2	3	4	4	5	6	6
6.2	.7924	.7931	.7938	.7945	.7952	.7959	.7966	.7973	.7980	.7987	1	1	2	3	3	4	5	6	6
6.3	.7993	.8000	.8007	.8014	.8021	.8028	.8035	.8041	.8048	.8055	1	1	2	3	3	4	5	5	6
6.4	.8062	.8069	.8075	.8082	.8089	.8096	.8102	.8109	.8116	.8122	1	1	2	3	3	4	5	5	6
6.5	.8129	.8136	.8142	.8149	.8156	.8162	.8169	.8176	.8182	.8189	1	1	2	3	3	4	5	5	6
6.6	.8195	.8202	.8209	.8215	.8222	.8228	.8235	.8241	.8248	.8254	1	1	2	3	3	4	5	5	6
6.7	.8261	.8267	.8274	.8280	.8287	.8293	.8299	.8306	.8312	.8319	1	1	2	3	3	4	5	5	6
6.8	.8325	.8331	.8338	.8344	.8351	.8357	.8363	.8370	.8376	.8382	1	1	2	3	3	4	4	5	6
6.9	.8388	.8395	.8401	.8407	.8414	.8420	.8426	.8432	.8439	.8445	1	1	2	2	3	4	4	5	6
7.0	.8451	.8457	.8463	.8470	.8476	.8482	.8488	.8494	.8500	.8506	1	1	2	2	3	4	4	5	6
7.1	.8513	.8519	.8525	.8531	.8537	.8543	.8549	.8555	.8561	.8567	1	1	2	2	3	4	4	5	5
7.2	.8573	.8579	.8585	.8591	.8597	.8603	.8609	.8615	.8621	.8627	1	1	2	2	3	4	4	5	5
7.3	.8633	.8639	.8645	.8651	.8657	.8663	.8669	.8675	.8681	.8686	1	1	2	2	3	4	4	5	5
7.4	.8692	.8698	.8704	.8710	.8716	.8722	.8727	.8733	.8739	.8745	1	1	2	2	3	4	4	5	5
7.5	.8751	.8756	.8762	.8768	.8774	.8779	.8785	.8791	.8797	.8802	1	1	2	2	3	3	4	5	5
7.6	.8808	.8814	.8820	.8825	.8831	.8837	.8842	.8848	.8854	.8859	1	1	2	2	3	3	4	5	5
7.7	.8865	.8871	.8876	.8882	.8887	.8893	.8899	.8904	.8910	.8915	1	1	2	2	3	3	4	4	5
7.8	.8921	.8927	.8932	.8938	.8943	.8949	.8954	.8960	.8965	.8971	1	1	2	2	3	3	4	4	5
7.9	.8976	.8982	.8987	.8993	.8998	.9004	.9009	.9015	.9020	.9025	1	1	2	2	3	3	4	4	5
8.0	.9031	.9036	.9042	.9047	.9053	.9058	.9063	.9069	.9074	.9079	1	1	2	2	3	3	4	4	5
8.1	.9085	.9090	.9096	.9101	.9106	.9112	.9117	.9122	.9128	.9133	1	1	2	2	3	3	4	4	5
8.2	.9138	.9143	.9149	.9154	.9159	.9165	.9170	.9175	.9180	.9186	1	1	2	2	3	3	4	4	5
8.3	.9191	.9196	.9201	.9206	.9212	.9217	.9222	.9227	.9232	.9238	1	1	2	2	3	3	4	4	5
8.4	.9243	.9248	.9253	.9258	.9263	.9269	.9274	.9279	.9284	.9289	1	1	2	2	3	3	4	4	5
8.5	.9294	.9299	.9304	.9309	.9315	.9320	.9325	.9330	.9335	.9340	1	1	2	2	3	3	4	4	5
8.6	.9345	.9350	.9355	.9360	.9365	.9370	.9375	.9380	.9385	.9390	1	1	2	2	3	3	4	4	5
8.7	.9395	.9400	.9405	.9410	.9415	.9420	.9425	.9430	.9435	.9440	0	1	1	2	2	3	3	4	4
8.8	.9445	.9450	.9455	.9460	.9465	.9469	.9474	.9479	.9484	.9489	0	1	1	2	2	3	3	4	4
8.9	.9494	.9499	.9504	.9509	.9513	.9518	.9523	.9528	.9533	.9538	0	1	1	2	2	3	3	4	4
9.0	.9542	.9547	.9552	.9557	.9562	.9566	.9571	.9576	.9581	.9586	0	1	1	2	2	3	3	4	4
9.1	.9590	.9595	.9600	.9605	.9609	.9614	.9619	.9624	.9628	.9633	0	1	1	2	2	3	3	4	4
9.2	.9638	.9643	.9647	.9652	.9657	.9661	.9666	.9671	.9675	.9680	0	1	1	2	2	3	3	4	4
9.3	.9685	.9689	.9694	.9699	.9703	.9708	.9713	.9717	.9722	.9727	0	1	1	2	2	3	3	4	4
9.4	.9731	.9736	.9741	.9745	.9750	.9754	.9759	.9763	.9768	.9773	0	1	1	2	2	3	3	4	4
9.5	.9777	.9782	.9786	.9791	.9795	.9800	.9805	.9809	.9814	.9818	0	1	1	2	2	3	3	4	4
9.6	.9823	.9827	.9832	.9836	.9841	.9845	.9850	.9854	.9859	.9863	0	1	1	2	2	3	3	4	4
9.7	.9868	.9872	.9877	.9881	.9886	.9890	.9894	.9903	.9903	.9908	0	1	1	2	2	3	3	4	4
9.8	.9912	.9917	.9921	.9926	.9930	.9934	.9939	.9943	.9948	.9952	0	1	1	2	2	3	3	4	4
9.9	.9956	.9961	.9965	.9969	.9974	.9978	.9983	.9987	.9991	.9996	0	1	1	2	2	3	3	3	4

4. 제곱근·세제곱근·역수의 표

수	제곱	세제곱	제곱근	세제곱근	역수	수	제곱	세제곱	제곱근	세제곱근	역수
1	1	1	1.0000	1.0000	1.00000	51	2601	132651	7.1414	3.7084	0.01961
2	4	8	1.4142	1.2599	0.50000	52	2704	140608	7.2111	3.7325	0.01923
3	9	27	1.7321	1.4222	0.33333	53	2809	148877	7.2801	3.7563	0.01887
4	16	64	2.0000	1.5874	0.25000	54	2916	157464	7.3485	3.7798	0.01852
5	25	125	2.2361	1.7100	0.20000	55	3025	166375	7.4162	3.8030	0.01818
6	36	216	2.4495	1.8171	0.16667	56	3136	175616	7.4833	3.8259	0.01786
7	49	343	2.6458	1.9129	0.14286	57	3249	185193	7.5498	3.8485	0.01754
8	64	512	2.8284	2.0000	0.12500	58	3364	195112	7.6158	3.8709	0.01724
9	81	729	3.0000	2.0801	0.11111	59	3481	205379	7.6811	3.8930	0.01695
10	100	1000	3.1623	2.1544	0.10000	60	3600	216000	7.7460	3.9149	0.01667
11	121	1331	3.3166	2.2240	0.09091	61	3721	226981	7.8102	3.9365	0.01639
12	144	1728	3.4641	2.2894	0.08333	62	3844	238328	7.8740	3.9579	0.01613
13	169	2197	3.6056	2.3513	0.07692	63	3969	250047	7.9373	3.9791	0.01587
14	196	2744	3.7417	2.4101	0.07143	64	4096	262144	8.0000	4.0000	0.01563
15	225	3375	3.8730	2.4662	0.06667	65	4225	274625	8.0623	4.0207	0.01538
16	256	4096	4.0000	2.5198	0.06250	66	4356	287496	8.1240	4.0412	0.01515
17	289	4913	4.1231	2.5713	0.05882	67	4489	300763	8.1854	4.0615	0.01493
18	324	5832	4.2426	2.6207	0.05556	68	4624	314462	8.2462	4.0817	0.01471
19	361	6859	4.3589	2.6684	0.05263	69	4761	328509	8.3066	4.1016	0.01449
20	400	8000	4.4721	2.7144	0.05000	70	4900	343000	8.3666	4.1213	0.01429
21	441	9261	4.5826	2.7589	0.04762	71	5041	357911	8.4261	4.1408	0.01408
22	484	10648	4.6904	2.8020	0.04545	72	5184	373248	8.4353	4.1602	0.01389
23	529	12167	4.7958	2.8439	0.04348	73	5329	389017	8.5440	4.1793	0.01370
24	576	13824	4.8990	2.8845	0.04167	74	5476	405224	8.6023	4.1983	0.01351
25	625	15625	5.0000	2.9240	0.04000	75	5625	421875	8.6603	4.2172	0.01333
26	676	17576	5.0990	2.8625	0.03846	76	5776	438976	8.7178	4.2358	0.01316
27	729	19683	5.1962	3.0000	0.03704	77	5929	456533	8.7750	4.2543	0.01299
28	784	21952	5.2915	3.0366	0.03571	78	6084	474552	8.8318	4.2727	0.01282
29	841	24389	5.3852	3.0723	0.03448	79	6241	493039	8.8882	4.2908	0.01266
30	900	27000	5.4772	3.1072	0.03333	80	6400	512000	8.9443	4.3089	0.01250
31	961	29791	5.5678	3.1414	0.03226	81	6561	531441	9.0000	4.3267	0.01235
32	1024	32768	5.6569	3.1748	0.03125	82	6724	551368	9.0554	4.3445	0.01220
33	1089	35937	5.7446	3.2075	0.03030	83	6889	571787	9.1104	4.3621	0.01205
34	1156	39304	5.8310	3.2396	0.02941	84	7056	592704	9.1652	4.3795	0.01190
35	1225	42875	5.9161	3.2711	0.02857	85	7225	614125	9.2195	4.3968	0.01176
36	1296	46656	6.0000	3.3019	0.02778	86	7396	636056	9.2736	4.4140	0.01163
37	1369	50653	6.0828	3.3322	0.02703	87	7569	658503	9.3274	4.4310	0.01149
38	1444	54872	6.1644	3.3620	0.02632	88	7744	681472	9.3808	4.4480	0.01136
39	1521	59319	6.2450	3.3912	0.02564	89	7921	704969	9.4340	4.4647	0.01124
40	1600	64000	6.3246	3.4200	0.02500	90	8100	729000	9.4868	4.4814	0.01111
41	1681	68921	6.4031	3.4482	0.02439	91	8281	753571	9.5394	4.4979	0.01099
42	1764	74088	6.4807	3.4760	0.02381	92	8464	778688	9.5917	4.5144	0.01087
43	1849	79507	6.5574	3.5034	0.02326	93	8649	804357	9.6437	4.5307	0.01075
44	1936	85184	6.6332	3.5303	0.02273	94	8836	830584	9.6954	4.5468	0.01064
45	2025	91125	6.7082	3.5569	0.02222	95	9025	857375	9.7468	4.5629	0.01053
46	2116	97336	6.7823	3.5830	0.02174	96	9216	884736	9.7980	4.5789	0.01042
47	2209	103823	6.8557	3.6088	0.02128	97	9409	912673	9.8489	4.5947	0.01031
48	2304	110592	6.9282	3.6342	0.02083	98	9604	941192	9.8995	4.6104	0.01020
49	2401	117649	7.0000	3.6593	0.02941	99	9801	970299	9.9499	4.6261	0.01010
50	2500	125000	7.0711	3.6840	0.02000	100	10000	1000000	10.0000	4.6416	0.01000

$\pi = 3.14\ 159\ 265$ $\dfrac{1}{\pi} = 0.31831$ $\sqrt{\pi} = 1.7725$ $\sqrt[3]{\pi} = 1.4646$

5. 자연대수표 (Ⅰ) $\log_e x (= \ln x)$

10보다 크거나 1보다 작은 수의 대수를 구할 때, ln 10 = 2.30259를 이용하여라.

x	0	1	2	3	4	5	6	7	8	9
1.0	0.0000	0096	0198	0296	0392	0488	0583	0677	0770	0862
1.1	0953	1044	1133	1222	1310	1398	1484	1570	1655	1740
1.2	1823	1906	1989	2070	2151	2231	2311	2390	2469	2546
1.3	2624	2700	2776	2852	2927	3001	3075	3148	6221	3292
1.4	3365	3436	3507	3577	3646	3716	3784	3853	3920	3988
1.5	0.4055	4124	4187	4253	4318	4383	4447	4511	4574	4637
1.6	4700	4762	4824	4886	4947	5008	5068	5128	5188	5247
1.7	5306	5365	5423	5481	5539	5596	5653	5710	5766	5822
1.8	5878	5933	5988	6043	6098	6152	6206	6259	6313	6366
1.9	6419	6471	6523	6575	6627	6678	6729	6780	6831	6881
2.0	0.6932	6981	7031	7080	7129	7178	7227	7275	7324	7372
2.1	7419	7467	7514	7561	7608	7655	7701	7747	7793	7839
2.2	7885	7930	7975	8020	8065	8109	8154	8189	8242	8246
2.3	8329	8372	8416	8459	8502	8544	8587	8629	8671	8713
2.4	8755	8796	8838	8879	8920	8961	9002	9042	9083	9123
2.5	0.9163	9203	9243	9282	9322	9361	9400	9439	9478	9517
2.6	9555	9594	9632	9670	9708	9746	9783	9821	9858	9895
2.7	9933	9969	1.0006	1.0043	1.0079	1.0116	1.0152	1.0188	1.0225	1.0260
2.8	1.0296	1.0332	0367	0403	0438	0473	0508	0543	0578	0613
2.9	0647	0682	0726	0750	0784	0818	0852	0886	0919	0953
3.0	1.0986	1019	1053	1086	1119	1151	1184	1217	1249	1282
3.1	1314	1346	1378	1410	1442	1474	1506	1537	1569	1600
3.2	1632	1663	1694	1725	1756	1787	1817	1848	1878	1909
3.3	1939	1969	2000	2030	2060	2090	2119	2149	2179	2208
3.4	2238	2267	2296	2326	2355	2384	2413	2442	2470	2499
3.5	1.2528	2556	2585	2613	2641	2669	2698	2726	2754	2782
3.6	2809	2837	2865	2892	2920	2947	2975	3002	3029	3056
3.7	3083	3110	3137	3164	3191	3218	3244	3271	3297	3324
3.8	3350	3376	3403	3429	3455	3481	3507	3533	3558	3584
3.9	3610	3635	3661	3686	3712	3737	3762	3788	3813	3838
4.0	1.3863	3888	3913	3938	3962	3987	4012	4036	4061	4085
4.1	4110	4134	4159	4183	4207	4231	4255	4279	4303	4327
4.2	4351	4375	4398	4422	4446	4469	4493	4516	4540	4563
4.3	4586	4609	4633	4656	4679	4702	4725	4748	4770	4793
4.4	4816	4839	4861	4884	4907	4929	4951	4974	4996	5019
4.5	1.5041	5063	5085	5107	5129	5151	5173	5195	5217	5239
4.6	5261	5282	5304	5326	5347	5369	5390	5412	5433	5454
4.7	5476	5497	5518	5539	5560	5581	5602	5623	5644	5655
4.8	5686	5707	5728	5748	5769	5790	5810	5831	5851	5872
4.9	5892	5913	5933	5953	5974	5994	6014	6034	6054	6074
5.0	1.6094	6114	6134	6154	6174	6194	6214	6233	6253	6273
5.1	6292	6312	6332	6351	6371	6390	6409	6429	6448	6467
5.2	6487	6506	6525	6544	6563	6582	6601	6620	6639	6658
5.3	6677	6696	6725	6734	6752	6771	6790	6808	6827	6845
5.4	6864	6882	6901	6919	6938	6956	6974	6993	7011	7029

6. 자연대수표 (II) $\log_e x\,(=\ln x)$

Exa. $\ln 220 = \ln 2.2 + 2\ln 10 = 0.7885 + 2(2.30259) = 5.3937$

x	0	1	2	3	4	5	6	7	8	9
5.5	1.7047	7066	7084	7102	7120	7138	7156	7174	7192	7210
5.6	7228	7246	7263	7281	7299	7317	7334	7352	7370	7387
5.7	7405	7422	7440	7457	7475	7492	7509	7527	7544	7561
5.8	7579	7596	7613	7630	7647	7664	7681	7699	7716	7733
5.9	7750	7766	7783	7800	7817	7834	7851	7867	7884	7901
6.0	1.7918	7934	7951	7967	7984	8001	8017	8034	8050	8066
6.1	8083	8099	8116	8132	8148	8165	8181	8197	8213	8229
6.2	8245	8262	8278	8294	8310	8326	8342	8358	8374	8390
6.3	8405	8421	8437	8453	8496	8485	8500	8516	8532	8547
6.4	8563	8579	8594	8610	8625	8641	8656	8672	8687	8703
6.5	1.8718	8733	8749	8764	8779	8795	8810	8825	8840	8856
6.6	8871	8886	8901	8916	8931	8946	8961	8976	8991	9006
6.7	9021	9036	9051	9066	9081	9095	9110	9125	9140	9155
6.8	9169	9184	9199	9213	9228	9242	9257	9272	9286	9301
6.9	9315	9330	9344	9359	9373	9387	9402	9416	9430	9445
7.0	1.9459	9473	9488	9502	9516	9530	9544	9559	9573	9587
7.1	9601	9615	9629	9643	9657	9671	9685	9669	9713	9727
7.2	9741	9755	9769	9782	9796	9810	9824	9838	9851	9865
7.3	9879	9892	9906	9920	9933	9947	9961	9974	9988	2.0001
7.4	2.0015	2.0028	2.0042	2.0055	2.0069	2.0082	2.0096	2.0109	2.0122	2.0136
7.5	2.0149	0162	0176	0189	0202	0215	0229	0242	0255	0268
7.6	0281	0295	0308	0321	0334	0347	0360	0373	0386	0399
7.7	0412	0425	0438	0451	0464	0477	0490	0503	0516	0528
7.8	0541	0554	0567	0580	0592	0605	0618	0631	0643	0656
7.9	0669	0681	0694	0707	0719	0732	0744	0757	0769	0782
8.0	2.0794	0807	0819	0832	0844	0857	0869	0882	0894	0906
8.1	0919	0931	0943	0956	0968	0980	0992	1005	1017	1029
8.2	1041	1054	1066	1078	1090	1102	1114	1126	1138	1150
8.3	1163	1175	1187	1199	1211	1223	1235	1247	1258	1270
8.4	1282	1294	1306	1318	1330	1342	1353	1365	1377	1389
8.5	2.1401	1412	1424	1436	1448	1459	1471	1483	1494	1506
8.6	1518	1529	1541	1552	1564	1576	1587	1599	1610	1622
8.7	1633	1645	1656	1668	1679	1691	1702	1713	1725	1736
8.8	1748	1759	1770	1782	1793	1804	1815	1827	1838	1849
8.9	1861	1872	1883	1894	1905	1917	1929	1939	1950	1961
9.0	2.1972	1983	1994	2006	2017	2028	2039	2050	2061	2072
9.1	2083	2094	2105	2116	2127	2138	2148	2159	2170	2181
9.2	2192	2203	2214	2225	2235	2246	2257	2268	2279	2289
9.3	2300	2311	2322	2332	2343	2354	2364	2375	2386	2396
9.4	2407	2418	2428	2439	2450	2460	2471	2481	2492	2502
9.5	2.2513	2523	2534	2544	2555	2565	2576	2586	2597	2607
9.6	2618	2628	2638	2649	2659	2670	2680	2690	2701	2711
9.7	2721	2732	2742	2752	2762	2773	2783	2793	2803	2814
9.8	2824	2834	2844	2854	2865	2875	2885	2895	2905	2915
9.9	2925	2935	2946	2956	2966	2976	2986	2996	3006	3016

7. 지수함수와 쌍곡선함수의 표

x	e^x	e^{-x}	$\sinh x$	$\cosh x$	$\tanh x$
0	1.0000	1.0000	.00000	1.0000	.00000
0.1	1.1052	.90484	.10017	1.0050	.09967
0.2	1.2214	.81884	.20134	1.0201	.19738
0.3	1.3499	.74082	.30452	1.0452	.29131
0.4	1.4918	.67032	.41075	1.0811	.37995
0.5	1.6487	.60653	.52110	1.1276	.46212
0.6	1.8221	.54881	.63665	1.1855	.53705
0.7	2.0138	.49659	.75858	1.2552	.60437
0.8	2.2255	.44938	.88811	1.3374	.66404
0.9	2.4596	.40657	1.0265	1.4331	.71630
1.0	2.7183	.36788	1.1752	1.5431	.76159
1.1	3.0042	.33287	1.3356	1.6685	.80050
1.2	3.3201	.30119	1.5095	1.8107	.83365
1.3	3.6693	.27253	1.6984	1.9709	.86172
1.4	4.0552	.24660	1.9043	2.1509	.88535
1.5	4.4817	.22313	2.1293	2.3524	.90515
1.6	4.9530	.20190	2.3756	2.5775	.92167
1.7	5.4739	.18268	2.6456	2.8283	.93541
1.8	6.0496	.16530	2.9422	3.1075	.94681
1.9	6.6859	.14957	3.2682	3.4177	.95624
2.0	7.3891	.13534	3.6269	3.7622	.96403
2.1	8.1662	.12246	4.0219	4.1443	.97045
2.2	9.0250	.11080	4.4571	4.5679	.97574
2.3	9.9742	.10026	4.9370	5.0372	.98010
2.4	11.023	.09072	5.4662	5.5569	.98367
2.5	12.182	.08208	9.0502	6.1323	.98661
2.6	13.464	.07427	6.6947	6.7690	.98903
2.7	14.880	.06721	7.4063	7.4735	.99101
2.8	16.445	.06081	8.1919	8.2527	.99263
2.9	18.174	.05502	9.0596	9.1146	.99396
3.0	20.086	.04979	10.018	10.068	.99505
3.1	22.198	.04505	11.076	11.122	.99595
3.2	24.533	.04076	12.246	12.287	.99668
3.3	24.113	.03688	13.538	13.575	.99728
3.4	19.964	.03337	14.965	14.999	.99777
3.5	33.115	.03020	16.543	16.573	.99818
3.6	36.598	.02732	18.285	18.313	.99777
3.7	40.447	.02472	20.211	20.236	.99878
3.8	44.701	.02237	22.339	22.362	.99900
3.9	49.402	.02024	24.691	24.711	.99918
4.0	54.593	.01832	27.290	27.308	.99933
4.1	60.340	.01657	30.162	30.178	.99945
4.2	66.686	.01500	33.336	33.351	.99955
4.3	73.700	.01357	36.843	86.856	.99963
4.4	81.451	.01228	40.719	40.732	.99970
4.5	90.017	.01111	45.003	45.014	.99975
4.6	99.484	.01005	39.737	49.747	.99980
4.7	109.95	.00910	54.969	54.978	.99983
4.8	121.51	.00823	60.751	60.759	.99986
4.9	134.29	.00745	67.141	67.149	.99989
5.0	148.41	.00674	74.023	74.210	.99991

8. 초등함수표

x	$\sin x$	$\cos x$	$\tan x$	e^x	$\sinh x$	$\cosh x$
0.0	0.00000	1.00000	0.00000	1.00000	0.00000	1.00000
0.1	0.09983	0.99500	0.10033	1.10517	0.10017	1.00500
0.2	0.19867	0.98007	0.20271	1.22140	0.20134	1.02007
0.3	0.29552	0.95534	0.30934	1.34986	0.30452	1.04534
0.4	0.38942	0.92106	0.42279	1.49182	0.41075	1.08107
0.5	0.47943	0.87758	0.54630	1.64872	0.52110	1.12763
0.6	0.56464	0.82534	0.68414	1.82212	0.63665	1.18547
0.7	0.64422	0.76484	0.84229	2.01375	0.75858	1.25517
0.8	0.71736	0.69671	1.02964	2.22554	0.88811	1.33743
0.9	0.78333	0.62161	1.26016	2.45960	1.02652	1.43309
1.0	0.84147	0.54030	1.55741	2.71828	1.17520	1.54308
1.1	0.89121	0.45360	1.96476	3.00417	1.33565	1.66852
1.2	0.93204	0.36236	2.57215	3.32012	1.50946	1.81066
1.3	0.96356	0.26750	3.60210	3.66930	1.69838	1.97091
1.4	0.98545	0.16997	5.79788	4.05520	1.90430	2.15090
1.5	0.99750	0.07074	14.10142	4.48169	2.12928	2.35241
1.6	0.99957	0.02920	-34.23253	4.95303	2.37557	2.57746
1.7	0.99166	0.12884	-7.69660	5.47395	2.64563	2.82832
1.8	0.97385	0.22720	-4.28626	6.04965	2.94217	3.10747
1.9	0.94630	-0.32329	-2.92710	6.68589	3.26816	3.41773
2.0	0.90930	-0.41615	-2.18504	7.38906	3.62686	3.76220

x	$\ln x$	x	$\ln x$	x	$\ln x$	x	$\ln x$
1.0	0.00000	2.0	0.69315	3.0	1.09861	5	1.60944
1.1	0.09531	2.1	0.74194	3.1	1.13140	7	1.94591
1.2	0.18232	2.2	0.78846	3.2	1.16315	11	2.39790
1.3	0.26236	2.3	0.83291	3.3	1.19392	13	2.56495
1.4	0.33647	2.4	0.87547	3.4	1.22378	17	2.83321
1.5	0.40547	2.5	0.91629	3.5	1.25276	19	2.94444
1.6	0.47000	2.6	0.95551	3.6	1.28093	23	3.13549
1.7	0.53063	2.7	0.99325	3.7	1.30833	29	3.36730
1.8	0.58779	2.8	1.02962	3.8	1.33500	31	3.43399
1.9	0.64185	2.9	1.06471	3.9	1.36098	37	3.61092

$\dfrac{y}{x}$	$\arctan \dfrac{y}{x}$	$\dfrac{y}{x}$	$\arctan \dfrac{y}{x}$	$\dfrac{y}{x}$	$\arctan \dfrac{y}{x}$	$\dfrac{y}{x}$	$\arctan \dfrac{y}{x}$
0.0	0.00000	1.0	0.78540	2.0	1.10715	4.0	1.32582
0.1	0.09967	1.1	0.83298	2.2	1.14417	4.5	1.35213
0.2	0.19740	1.2	0.87606	2.4	1.17601	5.0	1.37340
0.3	0.29146	1.3	0.91510	2.6	1.20362	5.5	1.39094
0.4	0.38051	1.4	0.95055	2.8	1.22777	6.0	1.40565
0.5	0.46365	1.5	0.98279	3.0	1.24905	7.0	1.42890
0.6	0.54042	1.6	1.01220	3.2	1.26791	8.0	1.46644
0.7	0.61073	1.7	1.03907	3.4	1.28474	9.0	1.46014
0.8	0.67474	1.8	1.06370	3.6	1.29965	10.0	1.47113
0.9	0.73282	1.9	1.08632	3.8	1.31347	11.0	1.48014

4차 산업에 대비한 기초대학수학

인쇄 | 2020년 3월 01일
발행 | 2020년 3월 05일

지은이 | 남상복·윤상조
펴낸이 | 조승식
펴낸곳 | (주)도서출판 북스힐

등 록 | 1998년 7월 28일 제22-457호
주 소 | 서울시 강북구 한천로 153길 17
전 화 | (02) 994-0071
팩 스 | (02) 994-0073

홈페이지 | www.bookshill.com
이메일 | bookshill@bookshill.com

정가 20,000원

ISBN 979-11-5971-202-9